[146]

RECUEIL DE VOYAGES

ET DE

DOCUMENTS

pour servir

A L'HISTOIRE DE LA GÉOGRAPHIE

Depuis le XIIIe jusqu'à la fin du XVIe siècle

PUBLIÉ

Sous la direction de MM. CH. SCHEFER, membre de l'Institut
et HENRI CORDIER

IV

LE DISCOURS

DE LA NAVIGATION

DE JEAN ET RAOUL PARMENTIER, DE DIEPPE

IMPRIMÉ A ANGERS, CHEZ BURDIN ET Cⁱᵉ.

RECUEIL DE VOYAGES ET DE DOCUMENTS

POUR SERVIR A L'HISTOIRE DE LA GÉOGRAPHIE

Depuis le XIIIᵉ jusqu'à la fin du XVIᵉ siècle

LE DISCOURS

DE LA

NAVIGATION

DE

JEAN ET RAOUL PARMENTIER

DE DIEPPE

Voyage à Sumatra en 1529
Description de l'isle de Sainct-Dominigo

Publié par M. CH. SCHEFER,
MEMBRE DE L'INSTITUT

PARIS

ERNEST LEROUX, ÉDITEUR

28, RUE BONAPARTE, 28

M.D.CCC.LXXXIII

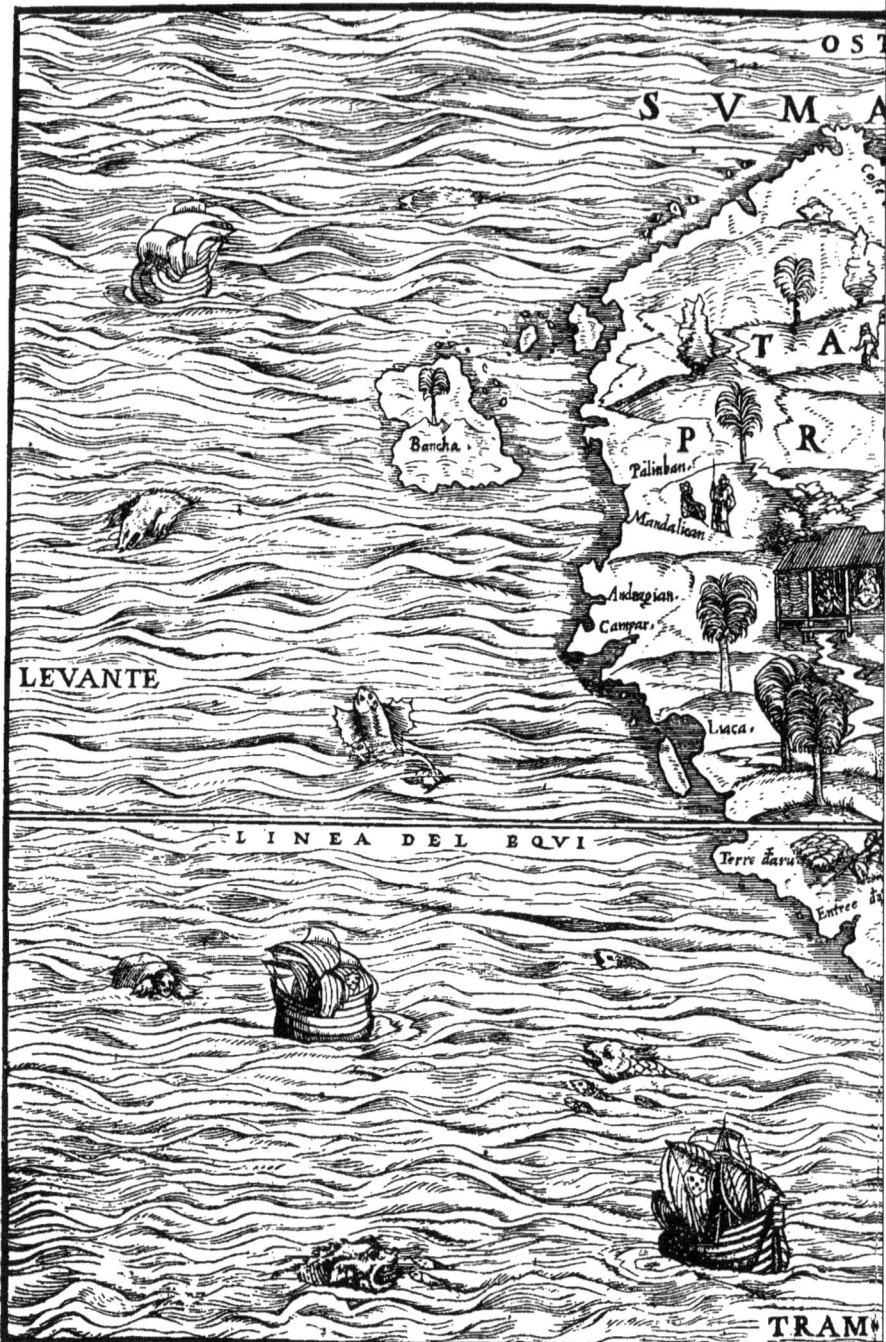

DO.

TRA.

Selapam.

Indapoure.

Verte plate.

Priame.

La laruse.

Ticou.

La margarite.

Ie corence.

La formetiera.

PONENTE.

A

NO TIAL.

NA

Tuncan.

Pacem. Pedir. Achms. Dara.

TANA.

INTRODUCTION

INTRODUCTION

Jean Parmentier, né à Dieppe en 1494, fut l'un des hommes les plus distingués de cette pléïade de navigateurs et de poètes qui brilla en Normandie d'un si vif éclat pendant la première moitié du XVIᵉ siècle. Il était plus connu jusqu'à ces dernières années par ses travaux littéraires et ses compositions poétiques que par les voyages lointains qu'il entreprit pour le compte du célèbre armateur Jean Ango[1]. Pierre Crignon, qui l'accompagna dans toutes

---

1. M. *Estancelin a publié en 1832 dans ses* Recherches sur les voyages et découvertes des navigateurs Normands en Afrique, dans les Indes orientales et en Amérique, *la relation du voyage de Parmentier à Sumatra. M. Vitet en a extrait les passages relatifs à la relâche du* Sacre *et de la* Pensée *à Madagascar et aux Maldives et au séjour à Sumatra et il les a insérés dans le volume qui contient l'histoire de Dieppe.* (Histoire des anciennes villes de France, tome II, pages 67-111. M. *Margry dans les* Navigations françaises et la révolution maritime du XIVᵉ au XVIᵉ siècle *(Paris, 1867) a consacré quelques pages à Parmentier dans le chapitre intitulé* Le chemin de la Chine et les pilotes de Jean Ango, *pages 183-222. L'article de la* Biographie Universelle *est assez*

ses navigations et l'assista dans ses derniers moments sur la côte de Sumatra, partageait son goût pour les belles-lettres, et il nous rend de son mérite ce précieux témoignage : « *Et brief, son gentil esprit estoit tousiours occupé à quelque œuvre de vertu ; il desiroit fort l'onneur en toutes choses. Parquoy il prenoit labeur et s'esforçoit de faire plus, et de surmonter tous aultres en toutes les choses dont il se dementoit. Et combien qu'il n'ait pas beaucoup hanté les escolles, si toutesfois estoit-il cognoissant en plusieurs sciences que le grand precepteur et maistre d'escolle, par grace infuse, luy avoit eslargi. C'estoit, ajoute-t-il, une perle en rhetorique françoise et en bonnes inventions tant en rithme qu'en prose. Il a composé plusieurs chants royaulx et ballades et rondeaux exaltés en Puy, plusieurs bonnes et excellentes moralités de farces et sermons joieulx et en grande quantité.* »

Jean Parmentier fut, en effet, Lauréat des Palinods de Rouen en 1517, 1518 et 1528[1]. Il gagna le chapeau au Puy de l'Assomption Notre-Dame à Dieppe en 1520, sous Robert Pigne, pour avoir composé un chant royal, et en 1527, sous Robert Le Bouc, il reçut la couronne pour

---

inexact. **M.** *Eyriès qui l'a rédigé, s'est borné à copier les quelques renseignements donnés par Demarquets dans ses* Mémoires chronologiques pour servir à l'histoire de Dieppe et à celle de la navigation françoise. *Paris, 1785, tome I, page 111.*

1. *Ballin,* Palinods, *dans le* Recueil de l'Académie de Rouen *(année 1843) T. XXXVI, page 48.*

Ballin, suite à la notice sur les Palinods, *pages 13-15. Deuxième suite, pages 26 et suivantes.*

*un autre chant royal dont je ne citerai que ce premier
vers :*

Sur l'Ocean grosse mer mondaine.

*Il avait, en cette même année, composé une momerie pour
célébrer la paix conclue entre François I*^{er} *et Henri VIII.
David Asseline en a donné une description détaillée tirée
d'un mémoire qu'il avait entre les mains ; il reproduit les
devises en vers écrites sur des tableaux portés par Samson,
Cincinnatus, Aristote, Cicéron, Euclide et Tubal qui figu-
raient dans le cortège ainsi que Godefroi de Bouillon,
David, Josué, Judas Macchabé, Hector, Jules César et
Alexandre. « Arrivez au lieu où la momerie se devait
faire, dit Asseline, l'Honneur et la Vertu récitèrent un
dialogue en vers pour célébrer la paix et le bonheur que
faisaient espérer l'amitié scellée entre les rois de France et
d'Angleterre. On était venu de Rouen, de Paris, d'Abbe-
ville pour assister à cette représentation*[1].

*La même année, le jour de l'Assomption, Parmentier
faisait représenter la moralité à dix personnages, imprimée
par les soins de Crignon en 1531*[2]. *En 1528, il publiait la*

---

1. Les Antiquitez et Chroniques de la ville de Dieppe, par David Asseline,
prestre, publiées par MM. Hardy, Guerillon et l'abbé Sauvage. Dieppe, 1874,
tome I, pages 224 et suivantes.

2. Moralité tres excellente à l'honneur de la glorieuse Assumption Nostre-
Dame, c'est assavoir : Le bien naturel, le bien gracieux, le bien vertueux,
la bien parfaicte, la bien humaine, les trois filles de Sion, le bien souverain,
le bien triumphant, composée par Jan Parmentier, bourgeois de la ville de
Dieppe. Et jouée audict lieu le jour du puy de ladicte Assumption, l'an de

traduction de l'Hystoire Catilinaire₁ *de Salluste et il la dédiait à Jean Ango auquel il fait savoir qu'il n'a d'autre but en lui offrant son travail que de le distraire un moment de «* la vigilante solicitude sur les affaires publiques de ceste ville de Dieppe, et que non obstant l'expiration du temps en quoy tu as esté gouverneur et conseiller d'icelle, ayes ferventement tousiours persisté et persistes à y vaquer journellement, et de mieulx en mieulx, à l'honneur du Roy nostre sire, proffit et utilité des manantz et habitans d'icelle. » *A la même époque, il recevait, au Puy de la Conception de Notre-Dame de Rouen, le lys pour un chant royal commençant par ce vers :*

Par le hault ciel en sa creation.

C'est probablement en cette année 1528 que Parmentier passa par Poitiers où il comptait voir Jean Bouchet. Les deux poètes ne purent se rencontrer. Bouchet adressa à Parmentier la missive qui suit :

---

grace mil cinq cens vingt-sept. Maistre Robert Le bouc, Baillif de la dicte ville, prince du puy et maistre de la dicte feste pour la troisiesme année. *Cette moralité a été réimprimée en 1839 dans la collection Silvestre.*

1. L'Hystoire Catilinaire composée par Salluste hystorien romain et translatée par forme d'interpretation d'ung tres bref et elegant latin en nostre vulgaire françois par Jan Parmentier, bourgeois et marchant de la ville de Dieppe. *Imprimé par Symon Duboys pour Jean Pierre de Tours. Le privilège donné à Paris, le 17 juin 1528 est signé : Par le Roy, à la relation du Conseil, Rivière. In-4, 56 feuillets. Il en a paru en 1536 une édition in-16 qui se vendait à l'enseigne de Saint-Nicolas.*

EPISTRE XLIII

EPISTRE DE L'ACTEUR A MAISTRE JEHAN PARMANTIER, ORATEUR
DE DIEPPE, LORS PASSANT PAR POITIERS

Va lettre, va soubdain par brief sentier,
Te presenter au seigneur Permantier.

Courrousé suis, poete altiloquent,
Historien, orateur eloquent,
Dont tu ne puys faire cy demourée,
Pour veoir celuy dont la plume dorée
A tant ecrit, tant en prose qu'en vers
Si beaulx traictez eloquens et ouvers
Que ce porteur de ta grace benigne
M'a mis en main, ou chose si tres digne
De gloire et loz j'ai veu que de deux moys
Assez louer l'ouvrage ne pourroys
En merciant la tienne seigneurie
Dont luy a pleu ton art d'oraterie
A moy montrer qui tout ignorant suis.
Mais cela vient comme penser je puis
De ta bonté qui a sçavoir excite
Les apprentis comme Tulle recite ;
Plus n'en auras, car du jour le bout chet
Fors que je suis ton serviteur Bouchet.

Voici la réponse de Parmentier :

EPISTRE XLIIII

RESPONCE DUDICT JEHAN PARMENTIER AUDICT BOUCHET

N'arreste lettre, en chemin ne en voye,
Tant que Bouchet entre tes mains te voye.

Pere conscrit au senat d'eloquence,
Dont les propos de haute consequence
Ont decoré le langage françois
Par ton sçavoir bien esleu d'ung franc cooix,
Mon cueur est triste et a dueil importun
Que je n'ay eu quelque temps opportun
Pour captiver soubz l'ombre de ta grace
Quelque raison sentencieuse et grasse
Pour illustrer mon meditatif clos
En qui sçavoir n'est pas trop bien enclos.
Mais Dieu aydant souz attente esperée
Viendra le temps et l'heure desirée
Que nous verrons plus gratieux loisir
A contenter l'ung et l'aultre desir
Et moy qui suis tres desireux d'apprendre
Lors je pourray de toy quelque fruict prendre
En demourant ton serviteur entier
Et escolier petit Jean Parmentier [1].

Dans le cours de son voyage à Sumatra, Parmentier avait commencé la traduction de « Jugurthe; » il comptait y mettre la dernière main à son retour en France et la dédier au Roi. Dans la dernière période de la traversée, les privations et les maladies avaient ébranlé le moral des équipages de la Pensée et du Sacre : « *Voyant, dit Crignon, plusieurs de ses gens desplaisants et faschés d'estre*

---

1. Epistres morales et familieres du Traverseur. *A Poictiers, chez Jacques Bouchet à l'imprimerie de la Celle et devant les Cordeliers, et à l'enseigne du Pelican par Iehan et Enguilbert de Marnef. 1543, in-fol., tome II, folio XXXIII v°.*

sur la mer si longtemps, dont il y en avait largement de repentants par un regret des aises passées, il a composé un petit traicté ou exortation contenant les merveilles de Dieu et la dignité de l'homme pour leur donner cueur de persister et s'esforcer à parfaire la dicte navigation où il a esté tousiours bien obey et reveré de ses gens. Lequel traicté avec ung chant royal par luy composé sur la Patenostre, en maniere de paraphrase premierement et devant toutes aultres sera ici mis comme la plus belle piece et le plus excellent chapitre de toute la description. »

La traduction de l'histoire de la conjuration de Catilina est le seul ouvrage que Parmentier ait publié, mais l'année même de son retour en France, Crignon faisait imprimer les poésies composées par son ami pendant son dernier voyage, et qu'il avait pieusement recueillies; il y ajoutait la moralité à dix personnages représentée à Dieppe le jour de l'Assomption de l'an 1527 et sa déploration sur la mort des deux frères Jean et Raoul.

Telles sont les œuvres littéraires de Jean Parmentier[1].

---

[1]. *On trouve des chants royaulx dans les manuscrits suivants conservés à la Bibliothèque Nationale.* Collecta ex aggere prope immenso exquisitiora carmina rythmica lege et vernaculo idyomate compacta que ad Christipare virginis oras solennes, omnis elapsis allata sunt. Sunt autem huiusmodi regales quos vocant cantos, ballade, item rotundelli ; postremum occupant locum epigrammata lingua latina. *Mss. fr. 2205, fol. 37 et 108.*

Chants royaux et rondeaux, *ancien manuscrit d'Antoine Lancelot, 2202, fol. 77. Desmarquets, qui parle des talents littéraires de J. Parmentier, dit qu'il a été un grand mathématicien et un excellent marin... Il a donné encore plusieurs poésies et la première mappemonde de la terre entière.* Mémoires chronologiques, *tome II, page 10.*

*Elles jouissaient parmi ses contemporains d'une haute estime. Nous avons rapporté les louanges emphatiques de Bouchet ; un autre auteur du XVIe siècle, normand comme Parmentier, Pierre du Val, n'hésite pas à le placer ainsi que Crignon, au nombre des meilleurs poètes français. Dans l'*Avis aux lecteurs benevolez *placé au commencement de son* Puy du souverain amour, *il fait connaître l'origine et l'organisation de ce concours et il ajoute ces mots :* « La nimphe de bonne renommée parvenue aux Champs-Eslysées faict son debvoir de semondre les poètes et orateurs françoys en ces lieux transferez, comme maistre Allain Charretier, Le Moyne de Lyre, Greban, Iehan de Meum, de Loris, Georges l'adventurier, Meschinot, Cretin, Iehan Marot, Permentier, maistre Thomas le Prevost, Iehan le Maire, Crignon et autres excellents facteurs, quasy emerveillez des entreprinses des facteurs de ce temps present*[1]*. »*

La Croix du Maine se borne à citer le recueil des poésies de Parmentier dont Crignon a fait imprimer le texte, et au XVIIIe siècle l'abbé Goujet lui a consacré dans sa Bibliothèque françoise*[2] une courte notice dont les détails sont exclusivement tirés de l'* « Epistre » *de Jean Bouchet et du prologue placé par Crignon en tête du volume publié en 1531.*

Les voyages de Parmentier et ses travaux comme cosmo-

---

1. Théâtre mystique de Pierre Du Val et des libertins spirituels de Rouen au XVIe siècle, *publié par Emile Picot. Paris, 1882, pages 89-90.*

2. Bibliothèque françoise ou histoire de la littérature françoise par l'abbé Goujet, *tome XI, page 338.*

graphe méritent autant que ses compositions littéraires
d'attirer et de fixer l'attention. « Il estoit, dit Crignon,
bon cosmographe et geographe, et par luy ont esté composez
plusieurs mappes mondes en globe et en plat et plusieurs
cartes marines sur lesquelles plusieurs ont navigé seurement. » Si nous nous en rapportons au témoignage de
Savary, Jean Parmentier aurait en 1520 conduit des
navires de Dieppe en Amérique, et il serait le premier
Français qui aurait abordé au Brésil[1]. Outre ce voyage, il
aurait été à Terre Neuve, aux Antilles, à la côte de Terre
Ferme et à celle de Guinée[2]. En 1528, il proposa à Jean
Ango une expédition à Sumatra et aux Moluques, et son
projet était même de pousser jusqu'à la Chine. Il voulait
avoir l'honneur d'être le premier navigateur français qui
aurait exploré les îles de l'océan Indien et noué des relations commerciales avec les contrées dont les Portugais

---

1. En 1520, trois frères appelez les Parmentiers découvrirent vers le cap
Breton, l'isle de Fernanbourg ou ils chargèrent leurs vaisseaux de riches marchandises et ensuite, ils firent encore un voyage en Guinée et aux Moluques. Le
Parfait négociant par le sieur Jacques Savary, huitiéme édition. Paris, 1721,
in-4, tome I, page 203.

2. Ces voyages ont été faits par Parmentier de 1520 à 1526. La date en est
fixée par cette phrase de la dédicace de l'Histoire Catilinaire à Jean Ango.
« Telles choses (l'histoire romaine) sont dignes d'estre bien digerées et à telles
choses je sçay bien que tu prendrais plaisir, si tu veulx ung petit excuser la
rudesse de mon langage, en considerant que rhetorique m'a ung petit delaissé, pour
autant que depuis six ans en ça en commenceant soubz ton service, cosmographie
m'a faict exercer sa pratique, sur les grosses et lourdes fluctuations de la mer qui
n'est doulceur ne plaisir. »

Parmentier se maria dans le courant de 1528. Crignon nous donne ce rensei-
gnement dans sa Déploration.

défendaient, avec un soin jaloux, l'accès aux navires des autres nations de l'Europe. S'il lui était donné de revenir de cette expédition, « il estoit bien deliberé, dit Crignon, luy retourné en France, d'aller chercher s'il y a ouverture au nord et descouvrir par là jusques au su. » L'amour du gain n'était pas le mobile qui faisait entreprendre à Parmentier une expédition si longue et si périlleuse. Il nous apprend lui-même qu'il ne fut guidé que par le désir de la gloire du Roi, de l'honneur de la France et le soin de son propre renom.

> *Dirai je avec Horace ou Juvenal,*
> *En concluant soubs ung propos final*
> *Que aux Indes vays pour fuir povreté?*
> *C'est argument est faulx et anormal.*
> *Faulte d'argent ne me peult faire mal,*
> *Point ne la crains, car j'ay plus povre esté ;*
> *Sur quel propos suis je donc arresté,*
> *Quand j'ay conceu voyage si pesant?*
> *Alors raison contente mon esprit*
> *Disant ainsi : Quand ce vouloir t'esprit*
> *De te donner tant de curieuse peine*
> *Cela tu feis afin qu'honneur te prit*
> *Comme Françoys qui premier entreprit*
> *De parvenir à terre si loingtaine,*
> *Et pour donner conclusion certaine*
> *Tu l'entrepris à la gloire du Roy*
> *Pour faire honneur au pays et à toy.*

Jean Ango agréa les propositions qui lui furent faites, et Jean et Raoul Parmentier se chargèrent « par contract

et accord parfaict avec noble homme Jean Ango, grenetier
et viscomte de Dieppe et ses parsonniers, de mener et conduire à l'aide de Dieu, par la cognoissance des latitudes et
l'elevation du soleil et autres corps celestes, deux navires
dudict Dieppe, dont le plus grand estoit nommé la Pensée
du port de deux cents tonneaux, et le moindre le Sacre du
port de six-vingts, bien equippez et garnis de toutes choses
requises necessaires pour faire le dict voyage ainsi que on
me avoit dict. »

Les deux navires partirent de Dieppe le jour de Pâques
28 *avril* 1529 et firent une traversée heureuse jusqu'à la
hauteur du cap de Bonne Espérance où ils furent assaillis
par une tourmente. Je rapporterai ici les conditions indi-
quées par Thevet et que les navigateurs du XVIe siècle
jugeaient indispensables pour mener à bonne fin le voyage
des îles de la Malaisie.

« Lequel ayant passé (le cap de Bonne Espérance), on
commence à changer de vent et voiles, à fin de gaigner
chemin vers la grande isle de Sumatra et tirant tousiours
vers l'est qui est le levant, on recognoist ordinairement
quelques isles esquelles on se peut pourvoir de vivres et
munitions. Et fault icy noter que la navigation est plus
dangereuse depuis que l'on a passé depuis ledit promontoire
jusques aux isles Moluques, sans comparaison que le chemin que l'on suit depuis l'Espaigne jusques au mesme promontoire, pour ce que la mer y est toute couverte d'une
infinité de petites isles, rochers et batures et aussi que le
courant y est plus roide et impetueux de tout le monde.

Par ainsi, ceux qui entreprendront ces voyages loingtains, fault qu'ils se fournissent en premier lieu de bons vaisseaux et bien calfeutrez et qu'ils aient munitions pour deux ans à tout le moins. A tels entrepreneurs, il leur est besoin n'estre sujets à maladie et moins addonnez à la gorge. Car autrement s'asseure qui fait le moins d'excez qu'il ne lui va pas de moins que de la vie; veu qu'il y a des contrées en la longueur de ceste plage principalement depuis les isles du Cap Verd qui jusques à huit degrez par deçà l'Equateur où les maladies sont fort frequentes et ordinaires, surtout à nous François, Allemans, Anglois et autres qui sommes septentrionaux. Et ne puis vous en donner autre exemple, sinon que de mon temps, estans allez trois navires d'Angleterre jusques au Benyn qui est neuf degrez deça la ligne et à la riviere et païs de Manicongre qui est par delà la ligne, y pensans trafiquer de l'or, maniguette, morfiz et autre chose, les pauvres gens y furent surpris d'une telle maladie causée ou par le changement de viandes, ou par la trop grande infection de l'air, que presque tout l'equippage fut perdu : de deux cens personnes n'en eschappa qu'environ dix sept matelots qui tous ne passassent le pas de la mort, et ceux qui se sauverent furent contraints d'abandonner les deux plus grands de leurs navires et s'aider du plus petit pour retourner en Angleterre. Autant en print à certains navires françois, l'an mil cinq cens soixante-un, lesquels avoient dressé une telle entreprise que les susdicts[1]. »

1. *André Thevet*, La Cosmographie universelle, *Paris, 1575, in-fol., tome I, folio 418 recto et verso.*

Les maladies commencèrent à faire des victimes à bord de la Pensée et du Sacre, après que ces deux navires eurent doublé le cap de Bonne-Espérance, et une relâche de quelques jours sur la côte occidentale de Madagascar fut signalée par le massacre des gens de l'équipage qui s'étaient aventurés à terre. Les frères Parmentier se hâtèrent de s'éloigner de ces parages inhospitaliers, et après avoir reconnu deux des Comores où la prudence ne leur permit pas d'aborder, ils mouillèrent devant l'une des îles du groupe des Maldives ; enfin, après une traversée contrariée par les calmes qu'ils rencontrèrent sous la ligne, ils arrivèrent le mercredi 19 octobre 1529 en vue de l'archipel de Tannah-Balla sur la côte occidentale de Sumatra. Je crois devoir faire connaître ici sommairement les événements dont cette île a été le théâtre depuis le commencement du XVIᵉ siècle.

L'île de Sumatra était connue des géographes du moyen âge sous le nom de Jave la mineure. Marco Polo qui y avait été retenu pendant cinq mois par les vents contraires, lui a consacré un chapitre rempli de détails d'une grande exactitude, et il mentionne particulièrement les royaumes de Ferllec (Perlak), de Basam ('Pasey), et la tribu anthropophage des Batak. L'orthographe des noms propres cités par Marco Polo nous donne la conviction que ses renseignements lui ont été fournis par des marchands et des marins arabes qui fréquentaient les marchés de la Malaisie depuis le neuvième siècle de notre ère, et qui avaient réussi à convertir

*à l'islamisme les radjas de la côte du nord-est de l'ile[1].
Au commencement du XVe siècle, Nicolò de' Conti, né à
Chioggia dans l'Etat de Venise avait, pendant vingt-cinq
ans, parcouru l'Inde et la Malaisie. Il avait été contraint,
pour échapper à la mort, d'embrasser la foi musulmane ;
à son retour en Italie, il s'était, en 1444, rendu à Flo-
rence auprès du 'Pape Eugène IV qui, après l'avoir
réconcilié avec l'Église, lui avait imposé, comme pénitence,
l'obligation de faire un récit véridique de tout ce qu'il
avait vu dans ses voyages. Le Pape chargea le Pogge, son
secrétaire, de rédiger en latin la relation de Nicolò de'
Conti. Le roi de 'Portugal Emmanuel réusssit à s'en procurer une copie, et il chargea Valentim Fernandez d'en
publier une traduction portugaise qui pût être consultée par
les capitaines et les pilotes engagés dans les navigations de
l'Extrême-Orient. Ramusio trouva cette version si défec-
tueuse et si incorrecte qu'il hésita longtemps à la faire tra-
duire en italien, et à l'insérer dans son recueil de voyages.
Du reste, les renseignements donnés par Nicolò de' Conti
sur Sumatra sont d'une extrême concision[2]. Un Génois,*

---

1. Le livre de Marco Polo citoyen de Venise, conseiller privé et commissaire
impérial de Khoubilaï-Khâan, etc., *publié par M. Pauthier. Paris, 1865,
IIe partie, pages 565-568.* The book of ser Marco Polo the Venetian, *edited
by Colonel Henry Yule. C. B. Londres, 1875, tome II, pages 264-289.*

2. *La relation de Nicolò de' Conti a été insérée par Ramusio dans sa collection de voyages, Venise, 1563, tome I, fol. 338-345.*

*Une édition en a été publiée en 1880 à Chioggia par M. C. Bullo dans l'ou-
vrage qui porte le titre de :* La vera patria di Nicolò de' Conti e di Giovanni

Hieronimo di San Stefano, se proposa, en 1496, de se rendre à Malacca. Le navire à bord duquel il était embarqué fut contraint de relâcher soit à Pasey, soit à Pedir. L'associé de Hieronimo étant venu à mourir, le prince musulman qui résidait dans la ville devant laquelle le bâtiment avait jeté l'ancre voulut se saisir, en vertu du droit d'aubaine, de toutes les marchandises qui s'y trouvaient. La confiscation ne fut évitée que grâce à l'intervention du cadi qui connaissait la langue italienne. Hieronimo di San Stefano rendit compte de son voyage à Giovan Jacobo Mainer dans une lettre écrite de Tripoli de Syrie à la date du 1ᵉʳ septembre 1499. Ce document a été placé par Ranusio à la suite de la relation de Nicoló de' Conti. Enfin, un Bolonais, Ludovico Varthema, quitta sa patrie en l'année 1503. Après avoir parcouru la Syrie, l'Arabie, la Perse et les Indes, il entreprit le voyage des îles de la Malaisie et visita Sumatra. A son retour en Europe il débarqua à Lisbonne en 1507; les services qu'il avait rendus dans l'Inde aux Portugais, et les renseignements précis qu'il fournit au roi Emmanuel sur les richesses des contrées de l'Extrême-Orient déterminèrent ce prince à le créer chevalier. A son

Caboto; studj e documenti. *La traduction de Valentim Fernandez, imprimée à Lisbonne, se trouve à la suite du Marco Polo.* En voici le titre : Marco Paulo. Ho liuro de Nycolao Veneto. O trallado de huũ genoves das ditas terras. Lõ privilegio del Rey nosso senhor q̃ nenhuu faça a impressam deste liuro nen ho venda em todollos se' regnos et senhorios sem licença de Valentim Fernandez so pena contenda na carta do seu privilegio. *Ce volume contient 106 feuillets. La relation de Nicoló di Conti s'étend du feuillet 78 au feuillet 95.*

retour en Italie, Varthema publia, en 1510, la relation de ses voyages. Dans les années suivantes, les éditions et les traductions s'en multiplièrent et elles firent connaître à toute l'Europe les aventures du célèbre voyageur[1].

Il est probable que les récits de Varthema déterminèrent Emmanuel à fonder des établissements dans la Malaisie. Il confia, en effet, en 1508, à Diogo Lopez de Siquiera le commandement d'une escadre de quatre navires destinés à une expédition à Malacca. Siquiera partit de Lisbonne le 5 avril et atteignit le 4 août suivant l'île de Madagascar où il avait ordre de s'arrêter. Il en côtoya la partie méridionale, et il y recueillit les gens qui avaient survécu à J. Gomez d'Abreu, mort de désespoir sur cette terre lointaine. A son arrivée à Cochin, Siquiera fut bien accueilli par le vice-roi d'Almeida qui mit à sa disposition un navire commandé par Garcià de Souza. Cette escadre prit la mer le 8 septembre 1509, et après une heureuse traversée, elle parut devant Pedir dont le radja accepta l'alliance du Portugal. De Pedir, Siquiera se dirigea sur Pasey, puis sur Malacca où il essaya d'établir une factorerie; reçu favorablement d'abord par le Sultan Mohammed, il échappa avec peine aux embûches de ce prince qui tenta de le faire tuer par trahison à son bord. Il disposait de trop peu de

---

1. Itinerario de Ludovico de Varthema bolognese nello Egypto, nella Surria. nella Arabica deserta et felice; nella Persia, nella India et nella Ethiopia. *Stampato in Roma per Maestro Stephano Guillereti de Loreno et Maestro Hercule de Nani Bolognese, ad instantia di maestro Lodovico de Henricis Cornero Vicentino. Nel anno M. D. X. a di VI de decembri, in-4.*

forces pour pouvoir tirer vengeance de la mort des Portu-
gais massacrés dans la ville; il se détermina à reprendre
la route de l'Inde et celle du Portugal où il revint rendre
compte au roi des péripéties de son expédition. Emmanuel
ne voulut point rester sous le coup d'un échec. Il fit partir
de Lisbonne une nouvelle flotte : à son arrivée dans l'Inde,
elle fut retenue, pendant quelque temps, par Alphonse
d'Albuquerque, qui voulut en prendre le commandement.
Les onze navires qui la formaient quittèrent Cochin le
2 mai 1511 et abordèrent successivement à Pedir et à
Pasey où d'Albuquerque jugea à propos d'intervenir dans
les compétitions des radjas. A son retour de Malacca, son
escadre fut assaillie par de violentes tempêtes; la capitane
sombra sur les rochers de Timiang : une partie de l'équi-
page périt dans les flots, et Albuquerque avec quelques
hommes réussit à grand'peine à gagner sur un radeau
la côte de Pasey. Un autre navire ayant coulé dans le port
de Timiamen, Albuquerque ne put continuer son voyage
qu'en courant mille dangers.

Barros, dans la quatrième Décade de son histoire de
l'Asie, nous a tracé le tableau des évènements dont Sumatra
fut le théâtre et il nous a conservé les noms des capitaines
qui y abordèrent. Il cite parmi eux Fernando Perez d'An-
drade qui toucha à Pasey, en 1516, en se rendant en Chine;
trois années plus tard, Duarte Barbosa, embarqué à
bord de la Vittoria, *visita la côte septentrionale de l'île.*
En 1520, Diogo Pacheco fut envoyé de Malacca pour
découvrir les îles d'or que l'on disait exister à l'ouest de

Sumatra. Le brigantin qui accompagnait son navire périt dans un coup de vent à la hauteur de Daya. Pacheco aborda à Barous, puis il continua son exploration, franchit le détroit de Polimban qui sépare Java de Sumatra, et revint à Malacca après avoir, le premier parmi les Européens, fait le tour de l'île. L'année suivante, il entreprit une nouvelle expédition, mais ayant relâché à Barous, il fut massacré par les Malais ainsi que tous les gens de son équipage.

La situation des Portugais était fort critique dans la partie nord-est de l'île : un navire commandé par Gaspard d'Acosta avait fait naufrage à la pointe d'Atchin; la cargaison avait été pillée et les matelots avaient été tués ou faits prisonniers ; João de Lima avait eu le même sort dans la rade de cette ville. Les Portugais, pour rétablir le prestige de leurs armes, prirent le parti de détrôner le sultan Zeïnel qui s'était rendu maître de Pasey et, pour atteindre ce but, ils acceptèrent le secours du radja d'Arou. Zeïnel perdit la vie dans une bataille sanglante et Albuquerque établit comme radja à Pasey un prince auquel Barros donne le nom de Orfacam, qui se reconnut vassal du roi de Portugal et fit élever, à ses frais, un fort que devait occuper une garnison de cent soldats portugais.

Sur ces entrefaites, un esclave du nom d'Ibrahim auquel le radja de Pedir son maître avait confié le gouvernement de la province d'Atchin se révoltait contre ce prince, le battait et le forçait à se réfugier à Pasey. André Henriquez, gouverneur du fort, prit en main la cause du radja

dépossédé et tenta, sans succès, de chasser le rebelle de la ville
de Pedir. Profitant de l'avantage qu'il venait d'obtenir,
Ibrahim fit marcher son frère Radja Lella contre Pasey
qui fut emportée d'assaut et dont les habitants furent passés
au fil de l'épée. Radja Lella somma alors André Henriquez
de lui livrer les radjas de Pedir et de Daya qu'il avait pris
sous sa protection, et sur le refus d'Henriquez il investit le
fort. Les Portugais soutinrent pendant plus d'une année
un siège qui fut marqué par de nombreuses péripéties ; ils
durent évacuer le fort en désordre en abandonnant leur
artillerie et leurs munitions. Ce succès assurait à Ibrahim
la possession incontestée de toute la partie nord de Sumatra, et elle lui permettait de soutenir la lutte contre les
Portugais. Ce sont probablement deux ambassadeurs
d'Ibrahim que Roncinotto vit, en 1529, à Chiraz où ils
s'étaient rendus pour engager Châh Tahmasp à rompre la
paix qu'il avait conclue avec les Portugais[1]. Pendant que

---

1. Roncinotto était courtier de Domenico Priuli, fixé au Caire. Il entreprit
en 1529 un voyage dans les différentes parties de l'Orient. Sa relation a été insérée
sous le titre de Viaggio di Colocut dans le recueil des Viaggi fatti da Venetia
alla Tana, in Persia, in India, publié à Venise en 1543. Les notes de Roncinotto sont rédigées d'une manière très confuse et les noms propres sont défigurés
de la façon la plus barbare : quelques-uns, écrits d'une manière illisible, sont
laissés en blanc dans le texte imprimé. Roncinotto nous dit que, pendant son
séjour à Chiraz, il vit arriver dans cette ville deux ambassadeurs de l'île de
Sumatra ou Trapobane. Ils apportaient à Châh Tahmasp des pierreries et surtout
des rubis qui valaient un trésor, et une grande quantité de perles. Le souverain
de la Trapobane engageait le Sophi à rompre les liens d'amitié qui l'unissaient
aux Portugais : ces ambassadeurs assuraient que ceux-ci avaient été fort maltraités
par les habitants de Sumatra. Roncinotto se rendit, en 1532, de Calicut à
Sumatra où il séjourna pendant quinze jours. « Sono in quella, dit-il, quattro Re

la côte nord-est de Sumatra était le théâtre de ces hostilités,
une expédition de pirates, partie en 1523 de Sofala, avait,
au dire de Thevet, débarqué à Ticou et pillé cette ville.

   C'est à la fin de cette période troublée que Parmentier
atteignit la côte occidentale de Sumatra. Avait-il connais-
sance de la situation précaire des Portugais et espérait-il
les supplanter dans un commerce dont ils s'étaient attri-
bué le monopole? Avait-il le projet d'établir un comptoir
sur la côte? Je ne le pense pas, car il nous déclare lui-même
dans son Exortation que son projet était de conduire ses
navires jusqu'aux ports de la Chine. La perfidie et l'avi-
dité des officiers du radja de Ticou entravèrent toutes les
transactions commerciales, et la mort de Jean et de Raoul
Parmentier en privant l'expédition de ses chefs, vint anéan-
tir les espérances fondées sur cette première tentative de
rapports directs entre la France et les îles si riches de la
Malaisie. Il nous reste, du moins, de ce voyage commencé
sous d'heureux auspices et terminé d'une façon tragique, un
journal qui nous-fait connaître les incidents de la vie de
bord pendant un voyage au long cours au XVIᵉ siècle et
les périls auxquels étaient exposés les navigateurs, en cher-

---

di corona, tutti maumetani et è abundantissima d'ogni cosa et massime
d'oro et gioie. E posta sotto'l Equinociale et pero è di aere perfetissimo :
viveno quelli huomini cento cinquanta anni molto prosperosamente : sono
in quella notte città ; le case son basse, piccole, coperte di legname e le
principal città sono Pinoi, Jupiter, Priapidis. » Viàggi alla Tana, *in-8.*
1545, folio 108. Je reconnais dans ces mots très défigurés de Pinoi, Jupiter,
Priapidis les noms des villes de Ticou, Indrapoure, et Priaman.

chant à nouer des relations avec les peuples astucieux et féroces des îles de l'Océan Indien. Ce journal et la relation de Ticou qui le suit ont été rédigés par Pierre Crignon, le fidèle compagnon de Jean Parmentier.

   Crignon était un lettré, et il avait été, comme son ami, lauréat au puy de l'Assomption à Dieppe et au puy de la Conception Notre-Dame à Rouen[1]. Il était ainsi que lui « bon esprit et profond en la science de astrologie et cosmographie. » Il composa, en 1534, un traité sur les variations de l'aiguille aimantée qu'il dédia à l'amiral de France Philippe de Chabot[2]. C'est en qualité d'astrologue, c'est-à-

1. *La Croix du Maine se borne à citer le nom de Crignon. Coupil, Chaput, Crignon, Crozon, dit-il, tous quatre poètes françois du temps de Loys XII.* Bibliothèque françoise, etc., *Paris, 1772, tome I, page 161.*
   Crignon remporta plusieurs prix au puy de la Conception de Rouen, et ses vers ont été imprimés dans les recueils de cette académie. Dieppe, à cette époque, était une ville remplie de poètes. Elle avait ses puys de la Conception, ses mitourées de la miaoût, ses solerets de la Nativité et ses mystères. Précis analytique de l'Académie de Rouen, *année 1834.*
   Les chants royaux et rondeaux (ms. fran. de la Bibliothèque Nationale 2202) contiennent des pièces de vers de Crignon, folios 47, 48, 49 et 84. On en trouve aussi trois dans le Collecta ex aggere prope immenso exquisitiora carmina rythmica *(mss. fol., 2205 fol., 26, 29 et 78. Enfin on a imprimé deux chants royaux de Crignon dans le recueil intitulé :* Palinodz, chants royaulx, Ballades, Rondeaulx et epigrammes à l'honneur de l'Immaculée Conception de la toute belle Mere de Dieu, Marie (patronne des Normans) presentez au puy à Rouen composez par scientifiques personnages desclairez par la table cy dedans contenue. Imprimé *à Paris. Ils se vendent à Paris à l'enseigne de l'Eléphant, à Rouen devant Saint-Martin à la rue du Grand-Pont et à Caen, Froide rue à l'enseigne Sainct-Pierre, in-8, pages 51-52.*
   2. « *M. Delisle a entre les mains le livre d'un pilote dieppois nommé Crignon qui est un ouvrage dédié à l'amiral Chabot en 1534 et où il est fait mention de la déclinaison de l'aimant.* » Histoire de l'Académie royale des sciences. M. D. CC. XII. *Paris, 1714, in-4, page 18. J'ai cherché cet ouvrage de Crignon*

dire d'officier chargé des observations astronomiques, qu'il fut embarqué à bord de la Pensée. *Le journal du bord et la relation nous font connaître les noms des personnes qui composaient l'état-major de la* Pensée *et du* Sacre. *Outre les capitaines, nous voyons figurer comme astrologue du* Sacre *maître* Pierre Mauclerc *dont les observations sont souvent comparées à celles de l'astrologue de la* Pensée; *des maîtres, deux chapelains, un argentier et deux interprètes dont l'un était Portugais, et l'autre un Français nommé* Jean Masson *qui savait la langue malaye. Le nom de* Crignon *ne figure ni dans le journal, ni dans la relation. Il était cependant le personnage le plus important de la* Pensée *après* Jean Parmentier, *et nous voyons celui-ci préoccupé de le soustraire à tout péril lorsqu'il eut été envoyé à terre à* Ticou *comme otage, et que l'inimitié du* Chahbender *de cette ville en rendit le séjour périlleux pour les Français.*

---

dans toutes les bibliothèques publiques de Paris ; *mes efforts pour le trouver on été infructueux. Je le regrette d'autant plus que dans sa dédicace à l'amiral* Philippe de Chabot, Crignon *devait donner quelques détails sur ses ouvrages. On conserve au Dépôt des cartes et plans de la marine une note de* Delisle *portant pour titre :* Des auteurs qui ont écrit sur l'aiguille aimantée. *On y lit : «* Pierre Crignon de Dieppe *a fait un livre qui n'a pas été imprimé et qui m'est tombé entre les mains. Il est intitulé :* La Perle de Cosmographie. *Il contient, entre autres, un système de l'aimant par lequel l'auteur croit avoir trouvé le secret des longitudes. On y voit aussi la plus ancienne observation que je sache sur la déclinaison de l'aimant ; c'est à* Dieppe *qu'elle a été faite, le 2 mars 1534 ; il met même la manière dont elle a été faite. C'est aussi le premier qui parle de la ligne de direction, c'est-à-dire sur l'aiguille qui ne décline pas. Il en fait son premier méridien. »*

On pouvait supposer que Crignon était l'auteur du journal et de la relation, en remarquant la correction du style, et certains passages qui dénotent un lettré familier avec les auteurs de l'antiquité classique. « Le premier mai, écrit-il, la relevée, vismes force bonites et albacores faire de grands saults sur l'eau et des petits poissons voler en l'air et crois que Cupido les avoit esmus à festiner et eux resjouir au premier jour de mai. » Après avoir noté une tourmente qui assaillit les navires par le travers du cap de Bonne-Espérance, il ajoute : « et crois que le dieu Æolus accompagné de Favonius et d'Africus Libo faisoit ou celebroit les nopces de luy et de Thetis, fort deliberé de la faire bien danser. » Mais, un passage du prologue placé par Crignon en tête de l'Exortation change ces présomptions en une certitude absolue. Il y dit : « Je, qui tousiours ay accompaigné ledict Parmentier en tous perils et dangiers durant ledict voyaige et jusques au dernier jour, ains que l'un de ses plus privés et familliers amys, pour la recréation de tous nobles et vertueux esperitz qui se délectent et prennent plaisir à veoir et ouïr parler de la cosmographie et en ce, contempler et adviser les merveilles que Dieu a faict au ciel, en la terre et en la mer, ay bien voulu en obtempérant aux importunes requestes d'aucuns mes amis familiers, rediger par escript la dicte navigation et voyaige et icelle description mettre et produire en lumiere afin que le nom desdicts Parmentiers ne demeure pas ensepvely avec leurs corps en la dicte isle de Samatra, mais que en triumphant sus la mort, ils puissent revenir en la memoire des hommes par renommée et louange immortelle¹. » Ces paroles ne laissent subsister aucun doute : Crignon est le rédacteur du journal de la navigation de Jean Parmentier et de la relation de Ticou. Je n'hésite pas non plus à lui attribuer le récit des voyages d'un grand capitaine de Dieppe, inséré dans le troisième volume du recueil de Ramusio. Les notices placées en tête des relations publiées par Ramusio nous font connaître l'activité de ses recherches et sa sollicitude, toujours en éveil pour se procurer les renseignements qui pouvaient jeter quelques lumières sur les pays de l'Orient et les contrées nouvellement découvertes aux Indes occidentales. Rien ne lui coûtait pour les acquérir, et il avoue qu'il devait parfois se contenter de copies incomplètes ou défectueuses ; il signale même les lacunes existant dans les manuscrits qui lui étaient envoyés.

Ramusio a dû, sans aucun doute, avoir connaissance des voyages de Parmentier en Amérique, à la côte de Guinée et à Sumatra : il n'a point ignoré les travaux de Crignon, et c'est au fidèle compagnon des frères Parmentier qu'il a dû demander la description des pays qu'ils avaient visités ensemble. Nous ne possédons point la relation des premiers voyages de Jean Parmentier, mais le tableau des mœurs et des coutumes des habitants de Ticou, placé à la fin du journal du bord tenu par Crignon, est

---

1. *La relation de Sumatra a été remplacée par la* Moralité à dix personnages, *Crignon ne nous fait pas connaître la cause de ce changement.*

celui qui se trouve dans la traduction italienne. Les mêmes phrases y sont reproduites mot pour mot [1].

M. Harrisse, *se fondant sur ce fait que Cartier a découvert seulement en 1534 la « baye des chasteaux » ou détroit de Belle Isle mentionnée dans le voyage du grand capitaine, suppose avec raison que cette relation n'a pu être écrite par Parmentier. Mais il n'est point improbable que Crignon, qui devait se tenir au courant de toutes les découvertes géographiques et de tous les travaux relatifs à la cosmographie, ait introduit dans son mémoire un fait postérieur à la mort de son ami. Les archives de la maison de Jean Ango auraient pu nous fournir sur les premiers voyages de Parmentier et sur les expéditions maritimes des Normands au commencement du XVI*[e] *siècle de précieux renseignements. Malheureusement, le bombardement de Dieppe, en 1694, a anéanti tous ces documents. Un examen même sommaire de la carte placée à la suite du Discours du voyage d'un grand capitaine de Dieppe apporte une nouvelle preuve à l'attribution de ce récit à Crignon. Toutes les dénominations y sont données en français : nous voyons figurer* la terre d'Aru, l'entrée des Basses, la coste de Manancabo. *L'orthographe des points de la côte où mouillèrent le* Sacre et la Pensée *est la même sur la carte que dans la relation ; enfin, les deux navires*

---

1. *Ramusio, tome III, fol.,* 417 *et suivants.* M. Estancelin *a reproduit le texte de ce discours et en a donné la traduction dans ses* Recherches sur les navigateurs normands, *pages 195-240.*

*aux voiles fleurdelisées qui se voient à la hauteur de l'ar-
chipel des îles Batou représentent certainement le* Sacre
et la Pensée ; *les îles où ils abordèrent avant de toucher à
la côte occidentale de Sumatra sont désignées sous les noms
de la* Formetura *(la Parmentière), la* Margarita *(la Marguerite) et la* Louyse, *noms qui leur avaient été donnés
lors de leur découverte. Ces noms ne se retrouvent ni sur la
carte dite de Henri II ni sur celles qui ont été publiées par
les géographes jusqu'à la fin du XVIe siècle.*

Le souvenir des voyages de Parmentier *ne s'était pas
perdu à cette époque. Un haut personnage, qui est peut-être
l'amiral de France Honorat de Savoye, marquis de Villars
ou Jacques de Clamorgan, seigneur de* Saane *et premier
capitaine de la marine du Ponant, en avait réclamé la
relation à Dieppe. Un Guillaume* Lefèvre, *qui devait
être lui-même pilote ou astrologue, la lui envoya en faisant observer qu'il avait en plusieurs endroits rectifié les
degrés de longitude et de latitude et qu'il avait lu le récit
du voyage au dernier survivant de l'expédition, nommé*
Plastrier ; *celui-ci en avait reconnu l'exactitude et avait
fourni quelques détails sur les incidents qui marquèrent le
retour des deux navires. Guillaume Lefèvre nous apprend,
en outre, que les six Indiens recueillis à l'île de Sainte-
Hélène s'établirent à Dieppe ; le dernier d'entre eux, qui
s'y était marié, mourut en l'année 1569.*

Le second volume de la navigation de Jean Parmentier
*est consacré à la description de l'île de Saint-Domingue
et de la côte de Nombre de* Dios. *Elle ne paraît point avoir*

été achevée ; nous n'y voyons pas, en effet, figurer le chapitre qui devait traiter des « monts, vallées, campaignes,
prairies, bois, rochers, mines, sortes et diversitez tant
sauvages, Indiens, Espagnols, François, qu'autres, estans
en la dite isle, avec la façon des traffics, sorties et entrées
des marchandises et diversité d'icelles, l'abondance et la
penurie de ce qui y est, des fruits, grains, bleds, sucres,
cottons, casses et autres choses qui y croissent, la façon des
eglises et administrateurs d'icelles, les justices, justiciers et
executions. »

J'ai fait suivre le récit des navigations de Parmentier de
l'exhortation qu'il composa pendant la traversée de Madagascar à Sumatra, et qui se rattache si intimement aux
pénibles incidents de son dernier voyage. J'ai cru devoir
tirer aussi de l'oubli l'élégie composée par Crignon sur la
mort prématurée des deux frères dont il avait toujours été
le fidèle compagnon.

Je place, à la fin de ce volume, le chapitre de l'isle Espaignole ou Haity que nous trouvons dans le Grand Insulaire
d'André Thevet[1]. Une lecture attentive de ce morceau m'a
donné la conviction que Thevet avait eu entre les mains la
description peut-être complète de « l'isle de Saint Dominigo » qui forme la seconde partie de la navigation de
Jean Parmentier. Le récit de Thevet, qui est si souvent

---

1. Le grand Insulaire et pilotage d'André Thevet, Angoumoisin, cosmographe du Roy, manuscrit français de la Bibliothèque Nationale, 15, 452
tome I, fᵒˢ 183 et suivants.

sujet à caution, est assez exact, et il contient quelques faits intéressants. Il nous fait connaître les circonstances déplorables dans lesquelles a péri le capitaine Testu qui commandait un navire appartenant à Philippe Strozzi et faisait, pour le compte de ce seigneur, le commerce ou plutôt la piraterie dans les îles et sur les côtes du Nouveau-Monde[1].

M. Estancelin, comme je l'ai dit précédemment, a publié en 1832, dans ses Recherches sur les navigateurs normands, *le texte du voyage de Jean Parmentier à Sumatra, d'après la copie d'un manuscrit appartenant alors à M. Tarbé, libraire à Sens. Ce manuscrit, intitulé* Voiage aux Indes orientalles, Dieppe, 1529, *est incorrect et présente des lacunes ; j'en ai signalé les principales dans l'édition que je donne aujourd'hui d'après un manuscrit acquis par moi à Paris, il y a déjà de longues années. Ce volume, relié au XVIII*e *siècle, débute par un ouvrage que l'on appellerait aujourd'hui un traité de spiritisme et portant le titre de :* Dialogue sur les Génies et sur la nature de l'âme, *écrit par F. O. Saucher le 14 juillet de l'année 1714. La relation du voyage de Parmentier et la « description de l'isle de Saint-Dominigo » forment la fin du volume et comprennent soixante et onze feuillets de papier oriental de diverses couleurs, non chiffrés. L'écriture moulée est fort belle et date des premières années du*

---

1. *Cf. l'article consacré à l'atlas de Guillaume le Testu par M. Harrisse dans* Jean et Sébastien Cabot. *Paris, 1882, pages 241-242.*

XVIIIe siècle. Je n'ai ajouté que peu de notes pour éclaircir ou confirmer les assertions de Pierre Crignon, et j'ai eu soin d'emprunter la plupart d'entre elles aux voyages exécutés pendant le XVIe ou pendant les premières années du XVIIe siècle.

En mettant de nouveau au jour le récit de l'entreprise hardie tentée en 1529 par les frères Parmentier, j'ai voulu rendre hommage à l'énergie et aux connaissances à la fois si variées et si profondes des hommes de cette forte race du XVIe siècle, et j'ose espérer que cette pensée et l'intérêt présenté par cette relation la feront favorablement accueillir par le public lettré.

1er mai 1883.

NAVIGATION

DE

JEAN PARMENTIER

Monseigneur,

E *vous envoye, par ce présent porteur, la
découverte faite par Jean et Raoul dits
Parmentiers aux navires de la* Pensée *et
du* Sacre *de Dieppe, y a quarante cinq ans
environ, qui fut le partement du voyage ; et vous plaira
m'excuser si j'ay été longtemps à vous l'envoyer, car il
m'a fallu changer plusieurs fois le livre, pour ce que la
navigation depuis leur partement de Dieppe jusques à
l'isle St-Laurent et l'isle St-Mathias n'estoit en leur degré,
et m'a convenu les y mettre, et par ordre. Et là où je
n'aurois fait si bien mon devoir comme je devois, il vous
plaira m'excuser. Et pour ce que je ne trouve rien du
retour du dit voyage par écrit, je me suis informé ; et ay
trouvé un nommé Jean* Plastrier, *ancien marinier âgé de*

I

quatre vingts ans, lequel estoit pannetier au dit voyage dans le Sacre, auquel j'ay fait lecture par plusieurs fois de la dite navigation pour voir s'il se trouveroit conforme à ce qu'il en avoit veu ; lequel, pour estre de bon entendement, m'a fait réponse que tout ce qui estoit au livre étoit vray ; et m'a dit que le secret de la navigation estoit gardé par les Parmentiers, et que nul des dits deux vaisseaux ne le pouvoit entendre ; sinon, après leur décez, a été regardé à leurs papiers, ce qui est aisé à croire ; car plusieurs navigateurs pensent prendre la corde, mais ils prennent l'arc et fourvoyent leur chemin.

Plus outre, me suis enquis audit Plastrier, estans arrivez en l'isle St Mathias, en quel lieu boutèrent leurs navires ; dit : à l'escalle de la ville de Ticou, là où les dits Parmentiers et truchemens, et quelque partie de leurs marchandises furent en terre quelque temps, et furent longtemps à eux acorder avec le Chabandaire. Et recueillirent de la dite ville de Ticou à trois mil livres d'or fin, et sept poinçons de poivre rond. Les dits Parmentiers voyans que la traite venoit à peine, se rembarquèrent eux et leurs marchandises. Alors, les ostages qui estoient dedans leurs vaisseaux furent fort faschez, et, à nuit venue, une partie des dits ostages dérobèrent leur grand bateau et allèrent à terre, qui fut grand perte, et ne le peut on jamais avoir par amitié ne par force ; et le reste des dits ostages fut envoyé dans leur bateau près terre, leur montrant par signes que s'ils ne leur rendoient leur bateau, qu'ils leur couperoient la teste. Voyant qu'ils n'avoient envie de le

rendre, les capitaines les firent exécuter par le maistre du
Sacre, dont la traite fut rompuë pour cette cause au dit
lieu de Ticou.

Six jours après, le dit Jean Parmentier fut pris de
maladie dont il décéda. Raoul Parmentier son frère, pilote
du Sacre et le maistre de la Pensée prirent avis d'eux
retourner en une escalle nommée Priame, dont il y avoit
vingt lieuës en la dite isle St Mathias ; et la dite escalle se
nomme en la carte marine Dieppe ; auxquels lieux eussent
bien peu avoir trente tonneaux de poivre rond. Inconti-
nent, Raoul Parmentier fut pris de maladie et décéda.
Ainsi n'ayans plus de maistre, le tout fut en désordre, et le
maistre de la Pensée mort, prirent avis aux dits deux
navires, ainsi que dit le dit Plastrier, d'eux retirer en
France ; ce qui fut acordé. Et firent tant par leurs navigations qu'ils vinrent au cap de Bonne Espérance où ils
ancrèrent et virent grand troupeau de bestes à cornes
comme buffes, vaches et nombre de gens qui les menoient ;
ne furent point à terre ; s'entreperdirent environ un mois.
La Pensée trouva l'isle Ste Héleine, auquel lieu entra, et
trouva en la dite isle six Indiens que les Portugais y
avoient laissez ; recouvrèrent force rafraichissemens, pou-
lailles et autres, comme pourceaux en bon nombre, et em-
barquèrent les dits six hommes qu'ils aportèrent à Dieppe,
dont n'y a que six ans que le dernier est décédé, qui estoit
marié au dit lieu de Dieppe. Après, les navires se trouvé-
rent et s'en vinrent en compagnie. Les dits navires furent
depuis leur partement de Dieppe, à aller à l'isle St Ma-

thias environ quatre mois, et un mois à revenir en France (1).

La dite isle Ste Héleine demeure au nord ouest un quart du ouest du cap de Bonne Espérance en l'Antarctique seize degrez et un quart, qui sera l'endroit où je feray fin, après avoir présenté mes très affectionnées recommandations et très humbles à votre bonne grâce. Priant Dieu,

Monseigneur, qu'il vous donne en la sienne bonne, longue et heureuse vie.

Escript à Dieppe le 18ᵉ jour de décembre 1575, de par le,

Votre très humble et très obéissant serviteur à jamais.

Guillaume LEFÈVRE.

---

1. La traversée dura un mois depuis Sainte-Helène et non pas depuis Sumatra.

DISCOURS DE LA NAVIGATION

JEAN & RAOUL PARMENTIER

REMIEREMENT. Nous issismes du havre de Dieppe le jour de Pasques xxviiime jour de mars 1529, environ deux heures après midy, que notre nef la Pensée fut mise en rade honnestement, sans toucher; mais le Sacre toucha, et ne put issir de cette marée; et issit et fut mis en rade la marée ensuivant, après midy.

Le vendredy ensuivant, deuxiesme jour d'avril, six heures après midy, se recueillit notre capitaine Jean Parmentier et notre maistre Michel Mery et le reste des compagnons de tous les deux navires la Pensée et le Sacre.

Ce dit jour après minuit, environ deux heures du

samedy troisiesme jour d'avril, furent hallez les ancres et mis les voiles haut ; partismes de la rade de Dieppe à la conduite d'un doux vent nordest qui nous conduisit joyeusement jusques au travers de La Hougue. Cette nuit, au deuxiesme quart, environ minuit, je vis en la moyenne région de l'air une flamme de feu ronde comme une boule, et en sortit une autre plus petite du dedans, et rendoit aussi grande lumière qu'un éclair de tonnerre, et dura peu sans être consommée.

Le dimanche quatriesme jour d'avril, au point du jour, au nord de nous, aperceusmes l'isle de Hinc[1], et

1. L'île de Hinc ou de Huice, est le nom donné par Alfonce, Maillart et Thevet à l'île de Wight.

« De Parlan (Portland) à l'isle du Huich y a quinze lieuës et gist la coste est et oest. »

« L'isle du Huich est une isle bien peuplée ou l'on fait les meilleures laines de chrestienté. A l'entour de la dicte isle, y a de bons pôrts, à sçavoir Anthone (Southampton), Farcemue (Portsmouth), où sont les grandes navires d'Angleterre. »

Les voyages avantureux du capitaine Alfonce, Xaintongeois, Rouen, Théodore Maillart, 1578, f⁰ 18 v⁰.

> De Porlan a jusques a l'isle du Hinc,
> Trente mil dont la coste à l'est oest
> Gist, et sy dis que bien peuplée elle est.
> Le lieu ou sont les laines plus exquises
> Qu'en nul endroit, de cela vous advises.
> Bons ports y a icy tout a l'entour,
> C'est assavoir ces ports qu'on dit autour.
> Et Farcemue où le roy d'Angleterre
> Mect ses grandes nefs en attendant la guerre.
> Et de ceste isle du Hinc icy echest,
> Dire combien y a jusque a Blanchet.

La description de tous les portz de mer de l'Univers. Manus. fr. de la Bibliothèque Nationale, 1382, f. 27. v.

« Mais ayant passé le dict port (Dermouth [Dartmouth], nommé aussi Govers le sud vismes Origny et Casquet[1]; de tout le demeurant de la journée, est nordest assez modéré nous conduit coyement sans branler, loüans et mercians Dieu du beau temps qu'il nous donnoit, nous ébatans amoureusement ensemble à danser, chanter ou à lire les sainctes Évangiles. Au soir, le vent vint au nordest; la nuit, je pris garde à la longitude et trouvay que nous n'avions plus qu'un degré ou deux de longitude en amontaise de dix degrez ou environ de la longitude de l'est que j'avois trouvé sous le méridien de Dieppe. Le matin, nous aperceusmes au nordest de nous, cinq navires et au su trois. Le Sacre, qui mieux alloit que la Pensée, parla à un qui dist qu'ils estoient du Hâvre neuf et alloient en Zélande.

Ce jourd'huy, cinquiesme jour d'avril, nous mismes le cap au surouest et avions un nordest qui nous frapoit en pouppe, et passasmes Oysant environ six heures après midy. A l'heure de midy, le soleil estoit à trente-neuf degrez de latitude; et eusmes bon vent toute la nuit, et le mardy jusques à midy.

destel), la mer se fait dangereuse de vent contraire à cause que les marées portent en terre jusques au cap de Pole (Poole), qu'on dit de Perlan, duquel jusques à l'isle du Huich on compte quinze lieuës... Ceste isle est belle et grande, et bien peuplée, ayant sa longueur de l'est à l'ouest, tournant un peu au nort... Entre autres y a deux villes Neuf-port (Newport) et Calbroz (Cowes). »

Thevet, *Cosmographie*, tome II, f° 646, r. et v°.

1. « Les isles sont l'isle Bas, Sept isles, Garuye, Arnois, Jarze et Casquet qui entre plus avant en la mer que les autres et est une roche. » *Les voyages avantureux du capitaine Alfonce*, f° 16. C'est sur les rochers de Casquet que périrent en 1119 les nefs qui transportaient en Angleterre Guillaume, fils de Henri I, et sa suite.

Le mardy sixiesme jour d'avril, trouvasmes à la hauteur du soleil que nous estions à quarante-sept degrez de la ligne, et fut mis le cap au surouest.

Le mercredy septiesme jour d'avril, courusmes au sursurouest à la boline[1]; trouvasmes par la hauteur à midy que nous estions loing de la ligne à quarante-cinq. degrez quarante-cinq minutes, et beau temps.

Le jeudy huictiesme jour d'avril, à sept heures devant midy, un de nos matelots nommé Robert Colas dit Gros dos, se noya en asseurant la bonnette; et ce jour, devant midy, nous vismes le cap Fineterre; environ trois ou quatre heures après midy, nous eusmes vent contraire, et nous fallut mettre à la cappe jusques au vendredy, environ heure de nonne.

Ce vendredy neuviesme jour d'avril, sur le midy, norouest commença à souffler, et courusmes à la boline au surouest jusques au samedy my relevée[2].

Le samedy dixiesme jour d'avril, vers le soir, nous vismes le cap de Fineterre environ au surouest de nous, et courusmes au surouest toute la nuit.

1. Boline ou bouline, cordage attaché, par le moyen de branches, à la ralingue latérale d'une voile. Tiré dans la direction de l'avant du navire, il tend à présenter mieux au vent la voile qui est orientée obliquement à la quille. Jal, *Dictionnaire nautique*, Paris, 1840. — Vent à la boline donne par flanc aux voiles, lesquelles lors sont enfilées de droit fil de poupe à proue, et au réüssit par excellence. *Merveilles de la nature*, par le P. René François. Paris, 1629, pag. 103.

2. Le texte du journal depuis le quatre jusqu'au dix avril, manque dans l'édition publiée par M. Estancelin.

Le dimanche xime jour, nous eusmes bon vent de nord; courusmes au sursurouest, et le soir, nous courusmes au su et vent derrière allant bon train.

Le lundy xiime jour d'avril, nous prismes la hauteur du soleil à midy; nous trouvasmes à trente-neuf degrez dix minutes de la ligne, et tout ce jour et la nuit, courusmes au su, bon vent derrière.

Le mardy xiiime jour d'avril, courusmes au su, vent derrière, et au commencement du soir, nous courusmes au su un quart du suest

Le mercredy xivme jour, nous suivismes nostre route à bon vent, et le soir, nous mismes le cap au su suest; nordest nous poussoit coyement.

Le jeudy xvme du dit mois, fut prise la hauteur du soleil et estions à trente-deux degrez de la ligne, et fismes voile au surouest et au su.

Le vendredy xvime jour du dit mois, vismes le cap de Nun[1] en la terre d'Affrique; au point du jour, prismes la hauteur et estions à vingt-neuf degrez de la ligne.

Le samedy, xviime jour du dit mois, fismes voile au surouest; du vent de nort. Au soleil couchant, nous vismes deux isles des Canaries Fort Avanture et Lancelotte[2] au ouest norouest de nous.

---

1. Le cap de Noun, au sud de la province de Sous el Aqssa (Maroc).

2. Fortaventure ou Fuertaventura, au nord de Lancerote, à l'ouest de la grande Canarie, est l'île la plus rapprochée de la côte du Maroc.

« L'isle de Fortaventure, que nous appelons Erbanne, aussi font ceux de la grand'Canare, est douze lieuës par de çà du costé du nord-est, laquelle contient environ dix-sept lieuës de long, et huict de large, mais en tel lieu y a

Le dimanche au matin xviiime, courusmes une partie du jour au ouest surouest, et le demeurant du jour au surouest; la hauteur fut prise à midy à vingt-six

qu'elle ne contient qu'une lieuë d'une mer à l'autre. Là est pays de sablon, et est là un grand mur de pierre qui comprend le pays tout au travers d'un costé à l'autre. Le pays est garny de plain et de montagnes et peut on chevaucher d'un bout à l'autre et y trouve l'on en quatre ou en cinq lieuës, ruisseaux courans d'eau douce, de quoy moulins pourroient moudre, et a sur ces ruisseaux de grands bocaiges de bois qui s'appellent Tarhais qui portent gomme de sel bel et blanc; mais ce n'est mie bois de quoy on peut faire bonne ouvraige, car il est tortu et semble bruyère de la feüille. Le pays est moult garny d'autre bois qui porte laict de grand'médecine en manière de baulme, et autres arbres de merveilleuse beauté qui portent plus de laict que ne font les autres arbres, et sont carrés de plusieurs carres, et sur chascune carre a un reng d'espine en manière de ronces, et sont des branches grosses comme le bras d'un homme; et quand on les coupe tout est plein de laict qui est de merveilleuse vertu : d'autre bois comme de palmiers portans dattes, d'oliviers et de mastiquers y a grand planté, et y croit une graine qui vaut beaucoup qu'on appelle orsolle; elle sert à teindre drap ou autres choses, et est la meilleure graine d'icelle que l'on sçache trouver en nul pays pour la condition d'icelle; et si l'isle est une fois conquise et mise à la foy chrestienne, icelle graine sera de grand valeur au sieur du païs; le païs n'est pas trop fort peuplé de gens; mais ceux qui y sont, sont de grande stature, et à peine peut on les prendre vifs, et sont de telle condition que si aucun d'eux est prins des chrestiens, et il retourne devers eux, ils le tuent sans remède nul.

Ils ont villages grand foison, et se logent plus ensemble que ceux de l'isle Lancelot. Ils ne mangent point de sel et ne vivent que de chair et en font grand garnison sans saler, et la pendent en leurs hostieulx et la font seicher iusques à tant qu'elle soit bien fanée, et puis la mangent; et est icelle chair beaucoup plus savoureuse et de meilleure condition que celle du païs de France sans nulle comparaison. Les maisons sentent très mal, par cause des chairs qui y sont penduës : ils sont bien garnis de suif, et le mangent aussi savoureusement comme nous faisons le pain. Ils sont bien garnis de formaiges, et si sont souverainement bons, les meilleurs que on sçache ès parties d'environ : et si ne sont faicts que de lait de chievre, dont tout le païs est fort peuplé plus que nulle des autres isles; et en pourroit on prendre chacun an soixante mille, et mettre à profit les cuirs et graisses dont chas-

degrez et demy de l'équateur. Ce soir, nous eusmes nordest qui nous poussa de bonne sorte au sur-ouest.

Le lundy XIXme, fismes cette voye; la hauteur fut prise à midy à vingt-cinq degrez de la ligne, et de longitude occidentale quatre degrez, et le soir, pris à l'estoile de longitude occidentale, quatre degrez et demy.

cune beste rend beaucoup, bien trente et quarante livres. C'est merveilles de la graisse qu'ils rendent, et si est merveille que la chair est bonne trop biaucoup meilleur que ceulx de France sans nulle comparaison. Il n'y a point de bon port pour hiverner gros navire, mais pour petit navire il y a très bons ports : et par tout le plain païs pourroit on faire puits pour avoir eau douce, pour arrouser jardins, et faire ce qu'on voudroit. Il y a de bonnes veines de terre pour labourager. Les habitants sont de dur entendement, et moult fermes en leur loy, et ont esglises où ils font leurs sacrifices. C'est la plus près isle qui y soit de la terre des Sarrasins, car il n'y a que douze lieuës françoises du cap de Bugeder qui est terre ferme. » *Le Canarien ou livre de la Conqueste et conversion faicte des Canariens à la foy et religion catholique, apostolique et romaine en l'an 1402 par Messire Jehan de Bethencourt, composé par Pierre Bontier moyne de Sainct Jouyn de Marnes et Jehan le Verrier prestre, serviteur du dit de Bethencourt,* publié pour la *Hakluyt Society* par M. N. Major, Londres, 1872, pages 133-136.

Lancelotte ou Lancerote : « L'isle de Lancelot est à quatre lieuës de l'isle de Forte-aventure du costé de nort-nort-est ; et est entre deux l'isle de Louppes qui est presque ronde et despeuplée, et ne contient que une lieuë de long et autant de large, à un quart de lieuë d'Erbane dit Fortaventure, et de l'autre part à trois lieuës de l'isle Lancelot. Là viennent tant de lous-marins que c'est merveilles, et pourroit on avoir chascun an des peaux et des graisses cinq cents doubles d'or ou plus. Et quant à l'isle Lancelot, qui s'appele en leur langaige *Tite-Roy-gatra,* elle est avecques du grant et de la façon de l'isle de Rhodes. Il y a grand foison de villages et de belles maisons, et souloit estre moult peuplée de gens. Mais les Espagnols et autres corsaires de mer en ont par maintes fois prins et menez en servaige tant qu'ils sont demeurez peu de gens. » *Le Canarien,* pages 137-138.

Le mardy xxme jour, suivismes cette route au sur-ouest, et beau temps, vent derrière jour et nuit.

Le mercredy xxime jour d'avril, nous fismes semblable route; fut prise la hauteur du midy à vingt et un degrez et demi.

Le jeudy xxiime, par semblable et bon vent derrière, prismes la hauteur à midy vingt degrez près de la ligne.

Le vendredy xxiiime, courusmes aussi un quart du surouest, et au soir courusmes au su.

Le samedy xxivme, courusmes au surouest tout le dit jour; le soir, à la fin du premier quart, vismes l'isle Saint Jacques du Cap Vert, et eusmes calme toute la nuit; et le dimanche xxvme jour, nous environnasmes l'isle pour voir s'il y auroit lieu propre pour descendre afin d'avoir de l'eau¹. A midy, prismes la

---

1. « Saint-Jacques, la plus grande des îles du Cap-Vert, a une longueur de soixante milles et même plus selon d'autres rapports. Sur la partie méridionale, au bord de la mer, s'élève une ville ayant un bon port; elle est désignée sous le nom de Grande Rivière. La ville est située entre deux montagnes et elle est traversée par une rivière qui prend sa source à deux lieues dans l'intérieur. Elle a, à son embouchure, la largeur d'un grand trait d'arc. Au nord, se trouve une plage appelée Sainte-Marie. L'île est couverte de montagnes escarpées et denudées. Les vallées sont bien cultivées. Pendant le mois de juin, la pluie tombe presque sans interruption. Depuis sa source jusqu'à son embouchure, la rivière dont nous venons de parler est bordée de jardins remplis d'orangers, de citronniers, de cédrats, de grenadiers et de figuiers. On récolte toutes sortes de plantes potagères, mais il faut en apporter les semences d'Espagne, parce qu'elles ne naissent pas dans l'île. Au mois d'août, on sème le maïs, et on le récolte quarante jours après. On récolte également du riz et une grande quantité de coton avec lequel les habitants fabriquent des étoffes rayées qui sont exportées dans le pays des nègres et autres lieux. Dans certains endroits autour de

hauteur et trouvasmes le soleil de pic sur nous, dé-
cliné de la ligne seize degrez huit minutes. En envi-
ronnant cette isle sur le costé qui gist nord et su,
ayant l'est par devers la terre, nous acostasmes cette
isle et nous mismes le dimanche au soir, en rade en
une ance le Sacre et nous; et à soleil couchant,
vismes la terre d'une isle au surouest de nous, bien
loin, ainsi figurée, dont nous faisións l'isle de Fuegos
ou de Feu[1]. Et le Sacre ancra plus près de terre que
nous à seize brasses, et nous à quarante cinq : et,
en ce lieu, vismes une balene et des poissons volans; et le Sacre pescha au lieu où il estoit, grand
planté de poissons comme sardes, vieilles et d'autres
bons poissons; mais nous en peschasmes bien peu,
pour ce que nous estions en trop grand fond.

Le lundy xxvime d'avril, après avoir disné, nous
esquipasmes nos quatre batteaux du Sacre et de nous.
Et y avoit bien quatre vingts hommes tant du Sacre
que de nous, bien armez et en bon ordre, pour aller
quérir des eaux à terre, et partirent environ neuf
heures du matin. Me Jean Sasi dit le Grand Peintre

l'ile, on pêche des tortues dont la chair a un goût fort agréable ; on pourrait
faire avec leurs carapaces de bonnes petites targes. Les maisons de la ville
sont bien bâties en pierres et en chaux. On y compte plus de cinquante
feux. Elle est habitée par des gentilhommes portugais et espagnols qui sont
fort policés. Le gouvernement est exercé par des juges, et les lois sont pleines
de sagesse ». (*Geografia di M. Livio Sanuto distinta in XII libri*. Vinegia,
1588, in-fol. fol. 26.)

1. Le texte publié par M. Estancelin porte : « dont nous faisions l'isle de
Feques ou de Fer. » L'île de Fer appartient non point aux îles du Cap-Vert,
mais au groupe des Canaries. La figure de l'île de Feu manque dans le
manuscrit.

eut la charge et conduite des aventuriers ; Nicolas
Bout estoit port'enseigne. Au lieu où ils descendirent, y avoit force bœufs et vaches que aucuns
Mores et esclaves et un Espagnol gardoient; toutefois, ils eurent peur d'eux et s'enfuirent. Mais l'Espagnol ou Portugais du Sacre et le contremaistre par-
lèrent à eux en portugais, et leur dirent que nous
estions de l'armée des navires de France esquipez en
guerre pour aller aux Entilles, et que nous avions
perdu notre bande [1], et que nous voulions avoir des
eaux et autres rafreschissemens s'il y en avoit; parquoy il y eut un Espagnol plus hardi que les autres
qui araisonna nos gens, et leur dit qu'environ à douze
lieues de là, estoit un port où il y avoit deux navires
des Portugais qui avoient esté pillez des Bretons, et
qu'ils venoient de Madére. Le dit Espagnol prit de
la peine beaucoup pour nos gens et les mena au lieu
où ils prirent leur eau qui estoit fort difficile ; et
eurent merveilleuse peine toute la journée à aller
quérir les dites eaux en demi barrils et les aporter
jusques en la rive, car c'est un lieu fort montueux,
plein de rochers et de sablons, et avec ce, il faisoit
si grand vent, qu'ils virent en peu d'espace, un petit
val converti en montagne haute, de l'abondance des
sablons que le vent y assembloit. Cependant qu'ils
prenoient les eaux, l'Espagnol dit au Portugais du
Sacre qu'il luy donneroit un cabry, et qu'il luy alloit

---

1. Le texte publié par M. Estancelin porte : « et leur dirent que nous estions de l'arrivée de dix navires de France, esquippez en guerre pour aller
aux esveilles et pour que nous avions perdu notre bende. »

quérir, dont il ne fut point trop assuré, et dit à nos
gens qu'il alloit faire quelque trahison et quérir des
gens pour nous nuire et qu'il vouloit s'en retourner
vers leurs bateaux. Toutefois, nos gens pour ce ne
voulurent différer et emplirent leurs vaisseaux; mais
le vent se creut, et furent nos bateaux en danger
d'estre perdus, et d'un metz de mer[1] furent eschoüez
tout haut sur les sablons, et eurent grande peine à
les renflouër, et encore plus à charger les eaux, et
n'eussent esté deux compagnons de notre nef, l'un
nommé Prontin Coulé et l'autre Vassé, qui se mirent
à la nage pour conduire les vaisseaux jusques au
bateau, jamais ne les eussent recueillis. Et comme
nos gens tendoient à eux recueillir, virent le dit
Espagnol venant de la montagne avec un cabry.
Notre port'enseigne luy fit signe qu'il devalast; mais
il n'osa, parquoy il desploya une chemise et luy montra; encore ne vouloit il aprocher. Pourtant le dit
port'enseigne accompagné de quelques autres allèrent
vers luy, et luy donnèrent deux chemises qu'il refusa
plusieurs fois, et faisant présent au port'enseigne du
dit cabry, luy dit que s'il vouloit retourner le lendemain à l'autre costé de la bée vers le nort, que sa
maison y estoit et qu'il leur bailleroit une couple de
bœufs et des poules, et si qu'il y avoit des eaux; et

---

1. Metz de mer. Cette vieille expression ne se rencontre, dit M. Jal dans
son *Dictionnaire nautique*, que dans la relation du voyage de Parmentier. Elle désigne un paquet de mer ou une lame violemment soulevée qui
déferle sur le rivage ou sur un navire.

les remercia grandement. Après cela, nos gens se recueillirent à grosse peine, car il leur falloit traverser de hauts rochers fort dangereux, devant que trouver lieu facile à eux recueillir, et estoit environ dix heures de nuit quand ils arrivèrent. Et faut sçavoir que dedans cette ance, environ demie lieuë de la terre, fait bon ancrage à douze et à quatorze brasses, et y a force poisson, et est tout fond pourry et a environ vingt brasses; mais outre vers la mer, on n'y trouve plus de fond.

Le mardy matin, xxviime jour du dit mois, nostre petit bateau, et le grand bateau du Sacre retournèrent à terre et retrouvèrent le dit Espagnol et dix ou douze des autres Mores habitans de cette isle, à tout piques et arbalestes, et leur firent bon accueil; et nos gens recueillirent encore des eaux en demi barrils, et eurent des bœufs et environ cinq poules de l'isle dont nos gens luy baillèrent deux écus à toute force, car il n'en vouloit rien prendre, et les remercia fort, priant Dieu qu'il nous donnast la grâce de faire bon voyage, si que nous y pussions retourner encore dans un an, et que si jamais nous y retournions, qu'il nous feroit tout plein de beaux présens, et estoit fort marri qu'il ne nous avoit encore mieux fait. Cet Espagnol montroit bien estre maistre de tous les autres, car il commandoit, et ils luy obeïssoient; et si avoit trois ou quatre femmes ou filles Mores qui le servoient; et conta à nos gens que le soir de devant, sa femme l'avoit fort pleuré, pensant que nos gens l'eussent pris ou tué, pour ce qu'il retourna si tard à l'hostel. Cependant que nous estions en cette isle, tous les jours nous avions une raverdie de gros vent venant de la terre; et toujours vent de la terre venant de l'est, qui élevoit le sablon de sorte qu'on ne sçavoit voir la terre, et en venoit la poussière jusques en nos navires qui nous gastoit les yeux. Cette isle de St-Jacques estoit fort montueuse et pleine de rochers et de sablons. L'Espagnol dit à nos gens qu'il y avoit trois ans qu'il ne pleut en cette isle. Toutefois, il y avoit tout plein d'herbes fort vertes entre les rochers, et beaucoup de pourpier comme celui de nostre pays de France. Il y croist force figuiers, et des pois, et des faveroles, comme ceux du Brésil; et si disent qu'il y a des oranges, et qu'ils en virent en la maison du dit Espagnol, qu'aucuns prirent et mangèrent; et estoient les pommes fort grosses, et croy qu'il y a force fontaines, car il y a force bœufs et vaches sauvages, et les maistres craignent bien de les approcher, mais les gouvernent par de grands chiens qu'ils ont.

Le mardy xxviime jour d'avril, environ cinq heures après midy, hallasmes l'ancre et mismes les voiles, et partismes de la dite isle et fismes voile au su un quart de surouest, et au surouest, l'espace de six heures, pour évader la terre; et le demeurant de la nuit, mismes le cap au su. Au second quart de la la nuit, vismes par plusieurs fois grands brandons de feu sortir comme d'une fournaise du coupeau de l'isle de Fuego, qui estoit bien à douze lieuës au ouest de nous, et pensasmes qu'elle estoit nommée isle de Feu

2

à cette cause, et qu'il y a des soufrières ainsi qu'au mont Ethna[1].

Le mercredy xxviiime, fismes cette route au su, et le jeudy xxixme semblablement; prismes la hauteur à midi, à unze degrez quarante neuf minutes.

La vendredy xxxme jour d'avril, faisant nostre route au su, prismes la hauteur à midy : trouvasmes qu'estions à dix degrez de la ligne.

Le samedy, premier jour de may 1529, faisant nostre route au su, prismes la hauteur à midy, et trouvasmes qu'estions à huit degrez seize minutes de la ligne, et de longitude occidentale trois degrez. La relevée, vismes force de bonnites et albacores faire les grands sauts sur l'eau, et les petits poissons voler en l'air; et croy que Cupido les avoit émus à festiner et eux réjouir ce premier jour de may. La nuit nous eusmes calme.

Et le dimanche deuxiesme jour de may, calme; faisant notre route, prismes un requin ; au su, et la nuit, calme.

Le lundy troisiesme jour de may, prismes la hauteur à midy à six degrez neuf minutes; et ce jour fist grand chaud et calme.

---

1. « Ilha del Fogo ou l'île du Feu à cause qu'il y a une de ses plus hautes montagnes qui vomit des feux et des flammes, est située à douze lieues de la pointe la plus au sud-ouest de S. Iago vers le nord-ouest. Il y a une rade au côté occidental, tout contre un petit château situé au pied d'une montagne, mais le port n'est pas fort commode à cause de la trop grande impetuosité des flots ». Dapper, *Description de l'Afrique*. Amsterdam, 1686. in-f. p. 498.

Le mardy quatriesme jour du dit mois, calme et force pluyes.

Le mercredy cinquiesme jour de may, prismes la hauteur à midy, à cinq degrez et un quart de la ligne, et de longitude occidentale quatre degrez, et eusmes calme et pluyes; et le soir, mismes le cap au sur surouest, et au surouest, et eusmes un peu de frescheur.

Le jeudy sixiesme jour, prismes la hauteur à midy à quatre degrez et demy de la ligne, et le soir eusmes un petit de frescheur, et fismes voile au sur surouest.

Le vendredy septiesme de may, prismes la hauteur à midy à trois degrez et demy, faisant cette route, le vent venant du suest.

Le samedy huitiesme jour de may, prismes la hauteur à midy à trois degrez de la ligne, faisant notre route au sur surouest.

Le dimanche neuviesme de may, veille St-Nicolas, fismes semblable route; la hauteur à midy fut à degré et demy de l'équateur. Ce jour, nous vismes grande quantité de poissons volans, et prismes quatre ou cinq bonnites. Ce sont poissons gros comme la cuisse d'un homme, de deux pieds ou de pied et demy de long, de la façon d'un maquereau, mais la chair plus ferme et fort sèche, et de bon goût.

Le lundy xme jour de may, fismes autre route au su. La hauteur fut prise à cinquante-quatre minutes près la ligne au pôle arctique. Ce jour, vismes force bonnites et poissons volans. Le Sacre prit un marsouyn dont il nous en envoya un quartier.

Le mardy xime jour de may, au matin, furent faits chevaliers environ cinquante de nos gens, et eurent chacun l'acollée en passant sous l'équateur, et fut chantée la messe de *Salve sancta parens* à nottes pour la solennité du jour, et prismes un grand poisson nommé albacore et des bonnites, dont fut fait chaudière pour le souper en solennisant la feste de la chevalerie. Le matin, le cap fut mis au su suest; à midy, fut prise la hauteur à dix minutes outre la ligne vers l'antarctique, et de longitude occidente huit degrez. Après midy, fut mis le cap au su un quart du suest.

Le mercredy, xiime de may, fut prise la hauteur à un degré dix minutes de la ligne en l'antarctique et avions le cap au su suest; et nordest ventoit.

Le jeudy xiiime de may, fismes cette mesme route et vent semblable; la hauteur fut prise à midy à deux degrez de la ligne en l'antarctique. Ce jour furent prises plusieurs bonnites, entre lesquelles y en avoit deux grandes comme marsouyns, et pouvoient avoir trois pieds de tour par le ventre, et quatre pieds et demy de long.

Le vendredy xivme de may, fismes route au su suest et ventoit. La hauteur fut prise à midy à trois degrez dix-huit minutes de la ligne vers l'antarctique, et de longitude occidentale sept degrez et demy.

Le samedy xvme de may, veille de Pentecoste, fut mis le cap au suest; et nordest ventoit. La hauteur fut prise à midy à quatre degrez et demy de la ligne.

Le dimanche, xvime de may, jour de Pentecoste, fismes voile au su suest, et la hauteur fut prise à six degrez vingt-cinq minutes. La nuit, fismes voile au suest et au su.

Le lundy xviime jour, fismes voile au su; vent d'est. La hauteur prise à midy à sept degrez huit minutes; la relevée, la pluye et les grains nous prirent avec calmes variations de vents faisant aucune fois le su, le surouest, le suest. Et le mardy, xviiime de may, eusmes grandes pluyes et aucunes fois grand vent d'est, et avions le cap au su et au su du suest.

Le mercredy xixme, à midy, fut prise la hauteur à neuf degrez de la ligne en l'antarctique, et suest ventoit, et avions le cap au su.

Le jeudy xxme jour de may, fismes belle route; prismes la hauteur à midy à dix degrez et demi de la ligne, et la longitude occidentale cinq degrez.

Le vendredy xxime de may, nous dura ce temps; à midy, fut prise la hauteur à douze degrez de l'équateur en l'antarctique, et depuis huit heures du soir le cap au suest.

Le samedy xxiime jour, la hauteur fut prise à midy à treize degrez quarante deux minutes, le cap au suest.

Le xxiiime jour de may, jour de la Trinité, faisant semblable route, prismes la hauteur à midy à quinze degrez vingt minutes. La nuit, nous eusmes bon vent, est nordest, ayant le cap au su suest. La hauteur fut prise le lundy xxivme jour de may, à seize degrez et demy de l'équateur en l'antarctique.

Le xxvme jour de may, prismes la hauteur à midy à dix-sept degrez dix-neuf minutes en l'antarctique, faisant notre route au su suest. La nuit, eusmes bon vent, et mismes le cap au su suest jusques au matin.

Le mercredy xxvime de may, prismes la hauteur à dix-huit degrez trois minutes de l'équateur, et de longitude occidentale cinq degrez.

Le jeudy, jour du St-Sacrement xxviime jour de may, la mer estoit limpe et serie, et faisoit un petit vent d'est, et avions le cap au su suest. Ce jour, le capitaine, le maistre et l'astrologue du Sacre nous vinrent voir et disnèrent avec nous, et furent faictes plusieurs récréations joyeuses, en loüant et remerciant Dieu du beau temps qu'il nous donnoit, et avoit toujours donné.

Le vendredy xxviiime de may, fut prise la hauteur à midy, à vingt degrez de l'équateur en l'antarctique. Environ midy, le vent se tourna en l'est nordest; fut mis le cap au suest et venta bon vent toute la nuit.

Le samedy xxixme jour de may, au point du jour, vismes au nordest de nous une isle haute élevée qui pouvoit contenir de rondeur, voyant en la moitié de son tour, six lieuës; et prismes la hauteur à midy à vingt et un degrez sept minutes. Tout le jour, nous courusmes l'est nordest, et au nord est, pour attraper la dite isle, mais le vent nous estoit escars, et ne la sçavions doubler; loüyasmes jusques au dimanche matin, et quand nous vismes que nous n'aprochions point, nous mismes le cap en l'est suest. Notre capitaine nomma cette isle la France, à l'honneur du Très-chrestien Roy de France, pour ce que c'estoit la première isle inconnue que nous avions trouvée. Cette isle est haute et montueuse, et y a un haut pic de roches du costé d'ouest, et un autre comme une grosse tour au costé de l'est, avec une ronde pleine comme un boulevert, et sembloit que Nature se fust esbatuë pour recréer les yeux humains en la diversité de ses ouvrages. En cette isle, y a diversité d'oiseaux noirs et participans du blanc et du noir [1].

Le dimanche xxxme de may, fismes voile en l'est suest.

Le lundy xxxime jour de may, semblablement; hauteur fut prise à vingt deux degrez vingt trois minutes de l'équateur; de longitude occidentale deux degrez et demi; de relevée et la nuit, nous eusmes calme.

Le mardy premier jour de juin, fismes voile en l'est suest; la hauteur fut prise à vingt deux degrez vingt

1. L'île de l'Ascension fut découverte le 20 mai 1501, jour de l'Ascension, par João de Nova Gallego, et visitée deux années plus tard par Alfonzo· Albuquerque qui lui donna le nom qu'elle porte aujourd'hui.

Elle est montueuse; le sommet le plus élevé est celui de la Montagne verte qui est entourée de nombreux pics escarpés, séparés par des gorges profondes. On trouve à l'Ascension neuf espèces d'oiseaux indigènes parmi lesquels l'oiseau frégate noir et blanc qui a quelquefois plus de deux mètres d'envergure. Cf. *Instructions nautiques de la côte occidentale d'Afrique*, etc., par C. Philippes de Kerhalet, capitaine de vaisseau et A. Legras, chef du service des instructions. Paris, 1874, pages 313-328.

trois minutes de l'équateur, et de longitude occidentale deux degrez et demy ; de relevée et la nuit nous
eusmes calme.

Le mercredy deuxiesme jour de juin, prismes la
hauteur à vingt deux degrez quarante trois minutes;
et calme, le cap au suest.

Le jeudy troisiesme jour, dès devant le jour, le
nord commença à souffler temperément; fismes voile
en l'est suest, prismes la hauteur à midy à vingt trois
degrez quinze minutes, de longitude orientale douze
degrez; et bon norouest nous poussoit fermement.

Le vendredy quatriesme jour de juin, fut prise la
hauteur à midy vingt quatre degrez douze minutes;
et bon vent derrière, ayant le cap en l'est suest; et
toute la relevée et la nuit, bon vent avec un peu de
pluye.

Le samedy cinquiesme jour de juin, fut la hauteur
prise à vingt cinq degrez six minutes de l'équateur,
ayant toujours le cap en l'est suest, et bon vent.

Le dimanche sixiesme jour de juin, la hauteur fut
prise à midy à vingt six degrez quarante neuf minutes ; de longitude dix huit, et bon vent jusques au
lundy matin, jusques au dernier quart que les calmes
nous prirent.

Le lundy septiesme jour de juin, tout calme le jour
et la nuit.

Le mardy huitiesme de juin, calme; la hauteur à
midy vingt sept degrez seize minutes en l'antarctique, le levant à quarante six; ce jour calme jusques
à huit heures du soir.

Le mercredy neuviesme jour de juin, trouvasmes de longitude orientale dix huit degrez ; vent en pouppe, le cap au suest ; mais le Sacre eut empesche- ment à cause de son mast qui estoit empiré par le haut et leur en fallut acourcir, parquoy ne portions pas grand voile.

Le jeudy dixiesme de juin, vent en pouppe, le cap au suest, la hauteur à vingt neuf degrez et demy de la ligne en l'antarctique, et petite voile pour attendre le Sacre.

Le vendredy xime, bon vent en pouppe venant de nordouest, et petite voile pour attendre le Sacre ; l'orient pris à quarante degrez.

Le samedy xiime jour de juin, prismes l'orient à trente sept et demy, le cap au suest ouest ; le su- rouest ventoit et su ; la hauteur fut prise à midy trente deux degrez vingt sept minutes ; l'occident quatre vingt trois degrez et demi ; de longitude orien- tale vingt trois degrez.

Le dimanche xiiime jour de juin, calme. Ce jour, vismes des oiseaux mouchetez de blanc et noir sur le dos, le ventre blanc comme bourettes, grands comme margaux, et de noirs et de gris.

Le lundy xivme calme et vent devant.

Le mardy xvme calme jusques au soir.

Le mercredy xvime, la hauteur fut prise à midy : trente cinq degrez, l'orient à quarante degrez, l'oc- cident à soixante quatorze, le midy à dix sept degrez. Et de longitude orientale, au point à la carte ainsi signé, A. et le point de la longitude à la carte, ainsi signé, V. Le demeurant du jour, bon vent surouest; le cap en l'est suest.

Le jeudy xviime, faisant cette route, et bon vent de surouest, la hauteur fut prise à midy à trente six degrez deux minutes; le soir, le vent se tourna au su, et au sur surouest : fismes voile en l'est surest, aucuns estoient un quart moins, et fit ce jour bien froid.

Le vendredy xviiime de juin, l'orient fut pris à quarante sept degrez trente minutes, la hauteur à midy trente six degrez dix neuf minutes; l'occident à septante sept degrez trente minutes; de longitude orientale quinze degrez.

Le samedy xixme, la hauteur à midy trente six degrez cinquante et une minutes. Ce jour, vismes tout plein d'herbiers sur la mer, parquoy on estimoit toujours estre près de terre, et voyons plusieurs gros oiseaux tant blancs que noirs semblables aux margaux qu'on voit en droguerie[1].

Le dimanche xxme jour, l'orient à quarante six degrez; norouest souffloit fermement, faisant voile en l'est suest : et ce jour, eusmes grosse tourmente toute la nuit, et le vent changea en ouest et en ouest surouest.

Le lundy xxime jour de juin, la hauteur fut prise

---

1. « Margot, dit le Dictionnaire de Trévoux, nom d'un oiseau de mer qui est oiseau de proie et vit du poisson qu'il prend. On le trouve dans les mers de l'Amérique méridionale sur ses côtes orientales et dans les mers des Indes. Les *Margots* sont blancs, quelques-uns sont mêlés de gris, et peut-être cette différence est-elle la marque du sexe. »

à midy à trente huit degrez quarante deux minutes ; après midy, le vent s'apaisa et ne fismes pas grand chemin ; ouest ventoit, et avions le cap en l'est un quart du su.

Le mardy xxiime jour de juin, le vent se creut devers le second quart, tenant cette route jusques au soir qu'on mit le cap en l'est.

Le mercredy xxiiime jour de juin, vigile St-Jean-Baptiste, la hauteur fut prise à midy à trente neuf degrez et un tiers. Le soir, il fit calme ; la nuit, fit bon vent d'ouest, ayant le cap en l'est, et par l'estime de mon point, estions au droit du cap de Bonne Espérance.

Le jeudy xxivme, jour de St Jean, le vent fut grand et y eut tourmente, le vent venant du nordouest et fimes petite voile et n'avions que le borset haut[1].

Le vendredy xxvme jour, le vent vint d'ouest ; fismes voile en l'est jusques à minuit ; le demeurant de la nuit, mismes le cap en l'est un quart du norouest ; la hauteur à midy trente neuf degrez trente cinq minutes.

Le samedy xxvime fut mis le cap en l'est nordest ; surouest ventoit, et tout le demeurant du jour le vent au surouest, et fismes voile en l'est nordest.

Le dimanche xxviime jour de juin, la hauteur fut prise à midy à trente huit degrez quatre minutes, et ne fit pas grand vent le demeurant du jour.

---

1. Borset ou bourcet est le nom que les marins de la Manche donnent au mât et à la voile de misaine.

Le lundy xxviiime jour de juin, la hauteur fut prise à midy à trente huit degrez dix huit minutes; vent de nord creut, et avions le cap en l'est nordest, et la relevée, y eut grosse tourmente.

Le jour St Pierre, après disner, il passa un grand metz de mer par dessus le chasteau-gaillard, et n'osoit en porter voile, et dura jusques au soir.

Le mardy pénultième de juin, jour St Pierre et St Paul, faisoit bruine et grosse tourmente et ne fut point prise la hauteur.

Le mercredy dernier jour de juin, à midy, fut prise la hauteur à trente six degrez deux minutes. Ce jour fismes voile en l'est nord est, et bon vent toute la nuit.

Le jeudy premier jour de juillet, fit la plus grosse tourmente que nous eussions encore point eue depuis notre partement de Dieppe. Et croy que le Dieu Eolus accompagné de Favonius et d'Affricus Libo faisoient ou célebroient les noces de luy et de Thetis fort delibérez de bien faire danser. Et plusieurs grands poissons comme marsouïns et chauderons s'assemblèrent par grandes troupes; et mesme notre nef et nous tous dedans dansions d'une haute sorte. Après midy, fut mis le cap à l'est un quart du nordest, fismes environ de quinze lieuës; le cap fut mis en l'est, et le demeurant jusques au landemain midy vallut environ vingt lieuës.

Le vendredy, la hauteur fut prise à midy à trente cinq degrez et demi, et bon vent de surouest ayant le cap en l'est jusques au point du jour, et le demeurant du jour en l'est nordest.

Le samedy troisiesme jour de juillet, la hauteur fut prise à midy à trente quatre degrez cinquante quatre minutes, le temps beau et quasi calme faisant l'est nordest.

Le dimanche quatriesme jour de juillet, faisant cette route, la hauteur de trente quatre degrez trente trois minutes; nordouest ventoit; le vespre, petit vent, et toute la matinée quasi calme, et toutes les voiles haut.

Le lundy cinquiesme, fut prise la hauteur à midy à trente quatre degrez vingt sept minutes; nord ouest ventoit, petit vent.

Le mardy sixiesme, on ne fit pas grand chemin.

Le mercredy, encore moins.

Le jeudy huitiesme jour de juillet, environ quatre heures après midy, le vent creut au nordouest, et au ouest; et fismes voile au nordest, et au nordest un quart du nord.

Le vendredy neuviesme, la hauteur fut prise à midy, à trente deux degrez cinq minutes, et bon vent sur-ouest, faisant le nordest un quart du nord.

Le samedy dixiesme, et le dimanche xime, calme et le lundy xiime aussi. La hauteur fut prise à midy à trente degrez sept minutes. Ce jour matin, fut pesché une grande satroulle ayant bien six pieds de diamètre et pouvoit bien contenir un barril de poisson; on en cuisit, mais elle apetissoit au cuire de plus de quatre pieds, et devenoit plus dure que nerf de beuf, et si n'avoit pas bon goust, par quoy on jetta presque tout à la mer.

Le mardy xIII^{me} jour de juillet, ne fismes pas grand chemin, et le vent vint au nordest, et nous fallut mettre le cap au nord nordest.

Le mercredy xIV^{me} jour de juillet, la hauteur fut prise à midy à vingt sept degrez trois quarts, et fismes notre route au nordouest par contrainte du vent; et la relevée, le cap fut mis au nordouest un quart du nord, et calme.

Le jeudy xV^{me}, le cap au nordouest et au ouest un quart du nordouest.

Le vendredy xVI^{me} jour, aussi calme.

Le samedy xVII^{me} jour, le cap au nordest; nordouest ventoit; petit vent. La hauteur fut prise à midy à vingt sept degrez cinquante sept minutes.

Le lundy xIX^{me} jour, la hauteur prise à vingt cinq degrez et un tiers, le cap au nordest un quart du nord.

Le mardy, xX^{me} jour de juillet, la hauteur prise à midy à vingt trois degrez septante trois minutes, le cap au nordouest, et depuis midy en l'est nordest.

Le mercredy xXI^{me} jour de juillet, la hauteur à midy à vingt trois degrez quatorze minutes, le cap en l'est nordest. Ce jour fut veu grand' quantité d'oiseaux, parquoy nous estimions estre près de l'isle Sainct-Laurens dite Madagascar.

Le jeudy xXII^{me}, la hauteur fut prise à midy à vingt deux degrez et demy. Ce jour, vent de su ventoit, le cap en l'est un quart de nordest, et bon vent, toujours le cap en l'est nordest.

Le vendredy xXIII^{me} jour, fut prise la hauteur à

midy à vingt et un degrez et demy; su et su surouest
ventoit, la relevée, le cap fut mis en l'est nordouest,
et le vent vint au surouest qui poussoit assez bien.

Le samedy xxivᵐᵉ, veille de St Jacques, ce temps
continua; le soir, environ la seconde orloge du second
quart, le vent changea et circuit tout soudain. On vit
la mer troublée et on jetta la sonde et trouvasmes
terre à six et à sept brasses, et vismes l'isle de Madagascar à quatre ou cinq lieuës de nous [1].

1. « Les Europeans lui ont donné ce nom (isle de Saint-Laurent) pour
ce qu'elle fut découverte par les Portugalois le dixiesme jour d'aoust, jour
consacré à saint Laurent par l'Église romaine. » — D'Almeida qui commandait un convoi de huit caravelles, y aborda en l'année 1506. « Les capitaines
de ces huit navires s'estant embarquez, prindrent leur route de telle façon
que le premier jour de février de l'an mil cinq cens et six, ilz furent portez
en une terre neutre, de fort grande estendue, chargée de plusieurs espaisses
foretz et abondante en bestial. Puis, ilz descouvrirent dix barquerolles
chargées d'hommes nuds, bigarrez de diverses couleurs, les cheveux frisez
avec arcs et flesches. Ilz s'adressent à la navire de Fernand Soarez et
montent dedans jusqu'au nombre de vingt-cinq où ilz furent reçuz très
volontiers et leur donne on quelques habillemens et à manger. Personne
n'entendoit leur langaige et se faisoient entendre par signes. Ilz s'en retour-
nerent fort contens ce sembloit, mais estant un peu esloignez, ilz deliberent
de payer leur ecot à coups de flesches. Ceux des navires respondent et les
chassent à coups de canon. » *Histoire de Portugal contenant les navigations
et gestes mémorables des Portugalois... comprinse en vingt livres, dont les douze
premiers sont traduits du latin de Jerosme Osorius evesque de Sylves par S. G. S.*
(Simon Goulard Senonois). Paris, 1587, in-8, f. 122.

« L'isle de Madagascar est une bonne terre, longue de deux cents cinquante
lieuës, large en aucuns lieux de cent lieuës : il y croist force gingembre blanc
et y a quelque mine d'argent, et aussi de la pierrerie. Les gens y sont nègres et vaillans, mais ils sont meschans, et si ne veulent faire train de marchandise avecq aucuns estrangers. Le Roy de Portugal y a autrefois eu une
faterie où il avait force gingembre, mais ceux de la terre les ont tuez, et
depuis n'ont voulu trafiquer aux Portugays, et qui pourroit y trafiquer, il y

Le dimanche xxvme, jour St Jacques, nous aprochasmes de la terre, et toute la nuit, vismes grands
feux sur la terre.

Le lundy xxvime, furent envoyez les deux petits
batteaux à terre du Sacre et de la Pensée; cependant
qu'ils y estoient, vinrent quatre sauvages de terre
dedans un bateau fait d'une pièce de bois environ
de quinze à dix huit pieds de long, et de deux pieds
de large environ, de la façon d'une navetté de
tixeran; et quand ils furent un petit près nous, ils
s'en retournèrent. Les bateaux qui estoient de terre
nagèrent vers eux, et ils se retirèrent en la mer et
abandonnèrent leur barquette; toutefois ceux du
Sacre avisèrent une autre barquette qui estoit vers
l'eau de nous, qu'ils poursuivirent si bien qu'ils
prirent deux Mores qu'ils amenèrent·à notre bord,
et leur fut donné des bonnets, des patenostres, et
du bougran, et puis furent reportez à terre avec un
qui estoit venu de terre de bonne veille avec nos
gens. Mais pour ce qu'il y avoit barre, notre maistre
Michel Mery, et le capitaine du Sacre ne voulurent
que nos batteaux ne gens aprochassent de terre, craignant les dangers de perdre gens et batteaux; mais
un de notre batteau nommé Vassé, et un d'un bat-

---

feroit grant profit. Ils ayment bien le fer et toutes autres marchandises
qu'on mène en Calicut, comme vermillon, vif argent et cuivre. Les gens
tiennent la loy de Mahomet, toutesfois n'adorent ne Dieu, ne Mahomet,
mais la lune. » *Les voyages avantureux du capitaine Alfonce, Xaintongeois.*
Rouen, Théodore Maillart, 1578, in-4°, fo 55.

teau du Sacre nommé Jacques l'Escossois, tous deux
vaillans, gens bien délibérez, demandèrent congé
d'aller à terre à nous, ce qui leur fut octroyé ; et eux
arrivez là, leur firent bonne chère et les menèrent en
leur bois où ils mangèrent de leurs fruits; et plusieurs
vinrent avec eux chargez d'iceux fruits pour vendre
à ceux du batteau. Mais pour ce que nous ne pou-
vions aprocher, nos gens s'en revinrent à nous, et
les sauvages s'en retournèrent. Leurs fruits dont nos
gens mangèrent sont de la façon d'un melon, ou
concambre, et beaucoup plus petits, mais quand ils
sont meurs, ils ont assez bonne douceur[1].

Le mardy xxviime, vinrent trois ou quatre Mores
en une barquette, qui aportérent un chevreau, et de
leur fruit dessusdit au Sacre; et on leur donna des
bonnets, du bougran, et des patenostres. Le soir,
nous partismes de ce lieu, et nous allasmes vers le
nord nordest au long de la coste pour trouver lieu·

---

1. « Elle (l'île de Saint-Laurent) a en longueur environ six cens lieues
et en largeur deux cens quarante distinguées en divers royaumes. Ceux qui
habitent au milieu et avant en pays sont fort idolastres. Les habitans des
costez sont mahumetistes pour la pluspart, partie noirs, partie marquez de
couleurs, les cheveux courts et crespus... Le pays est fort fertille, arrousé
de grand nombre de fontaines et de belles rivières d'eau douce, couvert de
bois et forests espaisses, abondant en poisson, grosse venaison, volailles et
fruits qu'il produit sans grand labourage, et porte diverses sortes de racines
dont les habitans usent comme nous faisons de pain. Il y a des citrons et
autres arbres odoriférans à merveilles et y croist un nombre infini de roseaux dont le sucre provient naturellement ou est exprimé artificiellement.
Le gingembre y croist de tous costez. Ils le mangent verd et n'ont l'adresse
de le garder sec. Ils ont force mines d'argent... En leurs guerres, ils ne se
servoient que de javelots bien faibles. » *Histoire de Portugal*, etc., fol. 151.
Thevet, dans la description de Madagascar qu'il a insérée dans sa

plus facile à descendre, pour avoir des eaux fresches
et du bois à cause qu'en avions bon mestier.

Le mercredy xxviiime, au matin, furent envoyez
les deux petits batteaux de la Pensée et un du
Sacre pour voir s'il y auroit lieu propre pour aprocher les navires plus près et avoir des eaux; et leur
fut baillé quelque quantité de marchandise pour
avoir des vivres, et leur fut commandé de retourner
dire ce qu'ils auroient veu, sans s'exposer sur la terre;
ce qu'ils ne firent pas, à cause de la familiarité qu'ils
avoient euë le jour précédent avec les autres Mores

Cosmographie, donne quelques phrases de la langue employée pour les
transactions commerciales. Elles sont entièrement arabes. Il a paru, dans
le xviie siècle, plusieurs relations de Madagascar rédigées en français et
en allemand. Je me bornerai à citer les suivantes : *Le voyage de Pyrard
de Laval en 1602*, Paris, 1679, à la suite duquel se trouve une note de
Du Val, géographe du Roi, sur l'île Dauphine. *Warhafftige, gründliche
und aussführliche, so wol Historische als Chorographische Beschreibung der
überauss reichen, mechtigen und weitberühmbten Insul Madagascar sonsten
S. Laurentii genandt... durch Hieronymum Megiserum, Churfürstl. Sächss.
Historiographum.* Altenburg in Meissen, 1609, in-12. *Relations véritables
et curieuses de l'isle de Madagascar et du Brésil.* Paris, 1651, in-4.
La relation du voyage de Madagascar de François Cauche de Rouen
en 1638 a été recueillie par un sieur Morisot qui y a ajouté un « colloque entre un Madagascarois et un François sur les choses les plus nécessaires pour se faire entendre et estre entendu d'eux. » *Histoire de la grande isle
de Madagascar par Etienne de Flacourt, avec la relation de ce qui s'y est
passé entre les François et les originaires de cette isle depuis 1642.* Paris, 1661,
in-4 ; *Relation du premier voyage de la compagnie des Indes Orientales en l'isle
de Madagascar ou Dauphine en 1665*, par Urbain Souchu de Rennefort, 1668,
in-12 ; *Voyage aux isles Dauphine ou Madagascar et Bourbon ou Mascarenne.*
Paris, 1674 ; *Les voyages du sieur Dubois aux îles Dauphine ou Madagascar
et Bourbon en 1669-1670, 1671 et 1672.* Paris, 1674, in-12. On peut consulter également *Histoire et Géographie de Madagascar*, par Macé Deslandes,
Paris, 1845, in-8°, et les *Renseignements utiles sur Madagascar. Ports et mouillages de la côte est de l'île, par E. Laillet.* Epinal, 1877.

du costé du su, et aussi que les Mores qu'ils trou-
vèrent en ce lieu leur firent bonne chère, ostans leurs
dards et les renvoyans au bois par deux garçons.
Nos gens s'enhardirent et laissèrent leurs rondelles
et bastons aux batteaux, et leur donnèrent des patenostres. Puis s'en allèrent, le contre maistre du Sacre,
Jacques l'Escossois, et Vassé avec eux; Pollet les
suivoit et encore deux autres; ils leur donnoient
à entendre qu'ils les meneroient où il y a force
zingembre qu'ils apellent *chellou*, ce que nos
gens crurent, et si leur faisoient semblant qu'il y
avoit des forgeurs d'or et d'argent sur la terre, pourquoy se mirent aux bois avec eux; et si tost qu'ils
furent un peu dedans, ceux du derrière ouïrent la
voix de Jacques qui fit une grande exclamation, et
soudainement virent accourir le contre maistre et
Vassé qui venoient derrière, qui estoient suivis de
seize ou dix huit Mores tenans dards en leurs mains.
Ceux du batteau firent sonner la trompette afin que
ceux qui estoient allés remplir les barillets d'eau se
retirassent au batteau, lesquels ne sçurent si tost
venir qu'ils virent tuer le dit Vassé et le contre
maistre du Sacre nommé Bréant, et poursuivirent le
demeurant jusques au bord de la mer, tenans déjà la
chemise du premier qu'ils avoient tué, toute sanglante; et celuy qui la portoit, de dépit qu'il ne sceut
rattaindre le demeurant de nos gens, jetta la chemise
par terre et pilla dessus. Puis, retournèrent dépouïl-
ler les autres, et en prirent chacun leur pièce; puis les
vinrent laver au bord de la mer et s'en allèrent vers

le costé du su. Nos batteaux revinrent bien tard, et
quand les capitaines et maistres sceurent la chose
avenuë, furent fort courroucez et marris; toutefois,
aucuns aportèrent graines croissans au bord de la
mer aux arbres de la forest semblables à cubesbes,
ayant quasi goust de poivre; outre plus, ils recueillirent de l'arène d'entre la mer et la rivière, qui
sembloit estre semée de petites lumineures ou
escailles d'or ou d'argent menu comme du sablon, et
pour ce aucuns disoient qu'il y avoit nombre d'argent.

Le jeudy xxixme jour, on fit passer une once de
la dite arène par la cendre, et y fut trouvé un grain
ou deux d'argent fin. Ce jour, fut dite une messe et
un *Dirige* pour les trespassez, et au soir fut délibéré
de retourner au dit lieu pour avoir de l'eau et pour
voir s'il y avoit des mines d'argent ou d'or. Nostre
capitaine et le capitaine du Sacre y vinrent au
dernier quart du jour, nos deux batteaux et les deux
batteaux du Sacre esquipez de mariniers et arquebu-
ziers et avec des futailles pour l'eau; arrivasmes au
point du jour à la terre où il y a une moult belle
descente, et de prime face, allasmes chercher les lieux
où nos gens avoient esté tuez : et trouvasmes Bréant
enterré hors le bois sur le sablon, enseveli en des
feuilles de palme, et enfoüy au sablon environ un
demy pied ou trois paulmes, et dessus avoient mis
une grosse boise sèche et planté un roseau au bout
de la fosse; nous ostasmes un petit de sablon, pour
voir lequel c'estoit, et vismes à son visage que c'estoit

Bréant; et si aperceusmes aucuns coups qu'il avoit
en la poitrine, et des coups au visage, puis fut recou-
vert, et entrasmes au bois pour chercher les autres;
et assez avant dedans, nous trouvasmes Jacques l'Escossois tout nud, couché aux dents, ayant diverses
playes par tout le corps; fut retourné et luy vismes la
poitrine toute pleine de coups de dards et puoit
déjà fort. Auprès du lieu où il estoit, nous luy fismes
sa fosse et l'ensepulturasmes dedans. En retournant
vers la rive, environ quelque espace de ce lieu, nous
trouvasmes Vassé tout nu, couché à dents, percé tout
au travers par les reins, si qu'on lui voyoit les en-
trailles, et plusieurs coups de dards au dos, aux fesses
et aux costez; et fut retourné. Les tripes luy sortoient
du ventre, et avoit plusieurs coups de dards au col et
à la gorge. En ce lieu on fit sa fosse, en priant Dieu
qu'il luy plust avoir pitié de leurs âmes. Cela fait, nous
retirasmes vers la fontaine qui estoit vers le nord,
environ cent cinquante pas, et y furent menez et
roulez nos vaisseaux, lesquels furent légèrement em-
plis par la bonne diligence de nos gens avec le bon
ordre qu'y mirent nos capitaines; à mesure qu'on les
emplissoit, on les conduisoit aux batteaux. Cependant qu'on estoit là, fut regardée l'arène et la mer qui
estoit au bord d'icelle, qui sembloit toute argentée,
fut conclu que c'estoit mine d'argent par ceux qui
se disoient à ce connoistre; mais quand nos capitaines l'eurent bien considérée, le temps et le coust
qu'il y faudroit mettre pour en avoir quantité, ils trou-
vèrent qu'il y auroit plus de perte que de gain; par-

quoy fut conclu de ne s'y plus arrester. Et cependant
que nous estions à emplir nos vaisseaux, nous aperceusmes dans le bas, sur la montagne, quatre ou cinq
nègres du pays et un More blanc qui portoient
chacun une dardille ou deux, ayant le fer long, plat
et aigu, bien poli, qui par ce nous montroient vers
le lieu où nos gens avoient esté tuez; et nous, refai-
sions signe de l'autre costé, mais nous n'avions nul
qui les sceust entendre, et aussi qu'ils n'entendoient
point le Portugais. Ils s'assemblèrent à la fin jusques au nombre de neuf ou dix, et aprochèrent toujours au long de la montagne branlant leurs dardilles. On tira vers eux plusieurs coups d'arquebuse,
mais ils ne s'en effrayèrent et n'en bougèrent de
leur lieu, parquoy nous estimions qu'ils ne sçavoient que c'estoit d'artillerie, ainsi qu'en après ils le
montrèrent assez bien. Car sitost que nous retirasmes
vers les batteaux, ils accoururent de toutes leurs
puissances après nous, pensans en trouver quelqu'un
escarté derrière; mais nous estions déjà dans les batteaux, avant qu'ils fussent arrivez au bord de la mer;
et s'efforcèrent de jeter leurs dards jusques dedans le
petit batteau du Sacre qui estoit plus près de terre; et
combien que tous les arquebusiers tirassent vers
eux, ils n'en faisoient compte, et si n'y en eut pieça
frapé. On tira un coup ou deux de passe-volant,
mais point ne s'en effrayèrent; toutefois le Flament
du Sacre, en laschant un passe-volant, en frapa un
par la cuisse, qui s'acroupit tout en un monceau, et
les autres esbahis vinrent voir que c'estoit; puis

retournèrent vers nos gens pour jetter leurs dards.
Mais l'on tira encore un passe-volant dont ils eurent
peur, et un d'iceux prit son compagnon blessé et le
chargea sur ses espaules, puis prit la fuite vers le
bois. Mais le Flament du Sacre tira encore un coup
de passe-volant après eux, dont plusieurs de nos
gens disoient avoir veu traper par le dos. et abbatre
celuy qui estoit navré et celuy qui le portoit; toutesfois, je le vis choir et non point relever, et les autres
de la bande s'escartèrent. Et en nous en retournant
à bord, vismes venir une bande de sauvages qui
venoient par dessus le sablon du costé du su nous
retrouver à bord : fut conclud entre nos capitaines
et maistres de quitter ce lieu au premier vent servant.

Et le samedy matin dernier jour de juillet, le vent
vint au sur surouest, et fismes voile au ouest norouest, et passasmes plusieurs bancs à quatre, à cinq,
à six, et à huit brasses. A midy, à dix lieuës de la
terre, fut prise la hauteur à dix neuf degrez justes,
selon la declinaison des Portugais. Et environ midy,
vismes plusieurs bancs venans de quelques costez,
que l'on estimoit bancs du commencement, mais ce
n'estoient qu'herbes et ordures; et vers le nord, environ sept à huit lieuës, on voyoit de grands brisans
que l'on estimoit bancs ou battures; et si on vit de
la hune une isle ou deux, et vers le soir, nous en
vismes sept, et ancrasmes auprès de la sixiesme; et
entre ces isles, et bien cinq ou six lieuës outre, sont
plusieurs bancs et battures.

Le premier jour d'aoust, jour St Pierre et dimanche, nous descendismes en la cinquiesme isle nommée par nos capitaines, l'Andouïlle, à cause qu'elle est longuette et grosse; et y fut dit la grand messe sans consacre, et y passasmes le demeurant de la journée à l'ancre.

Le lundy deuxiesme jour d'aoust au matin, nous dehallasmes, et fut mis le cap à ouest, et jusques à midy fut toujours envoyé le petit batteau au devant avec la sonde, et trouva-t-on encore plusieurs bancs et plastieres, jusques environ six lieuës de la sixiesme isle, où nous avions ancré, et la compagnie de toutes ces isles furent nommées les isles de Crainte, à cause des craintes qu'elles nous donnèrent; et chacune à son à part fut nommée d'un nom propre : la premiére prochaine de terre ferme, l'isle Majeure; la deuxiesme, l'Enchainée; la troisiesme la Boquillonne; la quatriesme l'Utile; la cinquiesme isle St Pierre; la sixiesme l'Andouïlle; la septiesme l'Avanturée, et le lieu où nos gens furent tuez, le cap de Trahison[1]. Le soir, fismes petite voile au ouest nordouest.

---

1. Ces îles, situées au sud du banc Pracel ou banc de Sandes Parcelar, sont petites, basses et couvertes de broussailles. Elles portent aujourd'hui les noms d'îles Dalrymple, Hosburgh, Beaufort, Flinders, Woody et Smyths ou île du Nord. Les bancs et les récifs qui les entourent sont décrits dans les *Renseignements nautiques sur quelques îles éparses de l'Océan Indien Sud*, *rédigés d'après les documents les plus récents*. Paris, 1879, pages 162-163.

Thévet donne à ces îles le nom d'Aprilocchio. « Ce rivage (de Pracel) est tout chargé de rochers et vient s'engoulfer ici la rivière de Pracel, le long de laquelle est assise la ville de Pontane vis à vis des isles qu'on nomme Aprilocchio. Non loing de là, est le promontoire de Barde : au long d'iceluy gisent cinq ou six pointes jusques aux basses et sablons dudit Pracel qui

Le mardy troisiesme jour à midy, il calmoit, et la
mer grosse et fascheuse, et fut nommée la mer Sans
Raison. Et est à sçavoir que depuis que nous com-
mençasmes à doubler le cap de Bonne Espérance, les
gens de nos navires commencèrent à devenir las,
faillis et vains, ayant maladies de reins, et aucuns
aiguillons de fièvre; autres avoient mal de jambes
qui se faisoient comme par taches meurdries de gros
sang; et aucuns avoient les jambes et cuisses couvertes de pourpre, sans les autres maladies qu'aucuns
avoient gagnées par leurs mérites en nostre terre
avant que partir, comme la vérole et les poulains,
dont je me tais.

Le mercredy quatriesme jour d'aoust, la hauteur
fut prise à midy, dix sept degrez et demy; le cap fut
mis le demeurant du jour au nord nordouest, et la
nuit au nord.

Le jeudy cinquiesme jour d'aoust, la hauteur fut
prise à midy à seize degrez. Ce jour, se montra au
soir des nuées en cinq ou six endroits, aucunes pièces
de la nuë descendants vers l'horison de la mer en
la manière d'une chausse à ypocras, la pointe en
bas; et puis s'alongèrent longues et grêles, tenant
toujours à la maistresse nuée, dont nos gens eurent ·
peur, craignant que ce fussent puchets ou tiffons;
mais cela ne fit autre chose, et aussi ceux qui ont

s'estendent jusques au port de Guare, le premier par moy mis en avant.
La Cosmographie universelle d'André Thevet cosmographe du Roy. Paris, 1575,
in-fol, tome Ier, livre III, fol. 105.

veu des puchets disent qu'ils se forment autrement, et que la pointe monte en haut et le large demeure en la mer, et que la pointe s'acrochue, et se tient suçant et attirant l'eau.

Le vendredy sixiesme jour d'aoust, jour de St Sauveur, la hauteur fut prise à midy à quatorze degrez trente deux minutes. Après midy, le cap fut mis au nordouest, vent derrière ; la longitude à cinq degrez de l'occident.

Le samedy septiesme jour, la hauteur fut prise à midy à treize degrez vingt cinq minutes, et selon la declinaison de Me Pierre Mauclerc treize degrez quarante minutes. Le cap fut mis en l'est nordest, et au soir en l'est, et bon vent surouest. Ce jour, ceux du Sacre prirent un marsouyn, dont ils nous donnèrent un quartier.

Le dimanche huitiesme jour d'aoust, nous vismes une des isles d'entre Madagascar et Mosanby; la nuit, nous navigasmes à costé de la dite isle et nous eschapa[1].

Le lundy matin, nous vismes une autre isle assez

---

1. L'île de Mahoré ou de Mayotte, la plus sud des Comores, au sud-est d'Anjouan dont elle est séparée par un chenal large de vingt-neuf milles. L'île est remarquable de tous les points de vue, parce que sa surface est très accidentée. Elle est traversée dans toute sa longueur par une chaîne de montagnes... Son sol, d'origine volcanique, est inégal, onduleux et formé d'une couche végétale assez épaisse et d'une grande fertilité, qui atteint par endroits une profondeur de quinze mètres. En s'approchant de la mer, le terrain s'abaisse assez brusquement et se termine dans la plus grande partie de l'île en marais fangeux recouverts de palétuviers noyés à la marée.

Renseignements nautiques sur quelques îles éparses de l'océan Indien Sud. Paris, imprimerie nationale, 1879, page 187.

grande que nous aprochasmes, et fut envoyé le batteau pour voir s'il y avoit ancrage, lesquels virent
une ville et plus de cinq cens hommes qui venoient
vers eux, leur faisans signe de deux pavillons partis
de blanc et de noir, et estoient vestus et grands
hommes; mais il n'y avoit point d'ancrage. La nuit,
nous dérivasmes pour doute d'une pointe, et pour nous
mettre à l'abry, et ceux de terre faisoient grands feux.

Le mardy dixiesme jour, à midy, fut prise la hauteur à douze degrez au su de la ligne, et notre batteau alla à terre pour sçavoir s'il y avoit ancrage près,
pour ce qu'il n'y avoit point de fond; mais à cause
des rochers et des brisans, ils ne purent aprocher
de terre pour descendre; parquoy deux de nos gens,
René Pavian et Guillaume d'Eu, y allèrent à nau, et
ceux de la terre n'osoient aprocher; dont pour les
aprivoiser, le Portugais du Sacre leur fit ruer une
de ses chemises; et après qu'ils eurent la dite chemise, ils luy aportèrent une coque de palme comme
la teste, et en allèrent cueillir encore d'autres qu'ils
donnèrent à nos gens pour des bonnets et pour des
cousteaux. Mais parce qu'ils voyoient nos gens libé-
raux de bailler leurs besognes, ils tenoient leurs
drogues plus chères; et quand nos gens furent re-
venus, nous exploitasmes le soir et fismes petite voile
en l'est un quart du nord est, et petit vent. Les gens
de cette isle sont noirs et ont barbe de moyenne
grandeur comme nous; ont deux langages, et qui
eust eu truchement du pays, chacun estimoit qu'on y
eust trouvé tout plein de biens, car plusieurs disoient

que la dite isle estoit assez semblable à l'isle de Madère
en grandeur et en façon, et semble fort abondante
en fruits. Cette isle est haute au milieu et a toujours
nuées espaisses sur les montagnes, si qu'on voit aucunes fois le coupeau de la montagne au dessus des
nuées. En deux jours que nous fusmes entour cette
isle, toujours y estoient nuées, si qu'ils couvroient la
pluspart de l'isle, le plus espais au milieu et ne pouvoit on bien voir le coupeau des montagnes, dont
nous estimions que c'estoit d'où venoit la moiteur
qui reverdissoit la dite isle. Car nos gens virent de
l'eau abondamment qui descendoit de la roche d'en
haut, et cheoit comme dedans un vivier. Ils en emplirent un barillet ou deux; mais ils virent descendre
de la montagne d'autres sauvages; parquoy ils eurent
crainte et se retirèrent au batteau[1].

Le mercredy xime jour d'aoust, fismes voile en l'est
un quart du nordest.

Le jeudy xiime aussi; le fils de Pontillon, après avoir
esté malade deux ou trois mois de quelques apos-
tumes qui luy estoient venus en la tête, mourut; et
pour connoistre dont cela pouvoit estre venu, le capi-

---

1. L'île d'Anjouan ou Johanna. Au centre de l'île s'élève un pic conique
d'une hauteur de 1578 mètres. Sauf le matin, il est rare qu'on le voie,
caché qu'il est par les nuages. La ville d'Anjouan, que l'on nomme également
Moussamoudou, est située sur la côte nord au fond de la baie. Anjouan est
gouvernée par un sultan indépendant, qui réside dans la ville de la côte du
nord. En voyant cette île de l'ouest, le capitaine Nolloth l'a justement com-
parée aux gradins d'une école, car elle forme une succession de pics s'éle-
vant les uns derrière les autres, qui tous, y compris le pic d'Anjouan, sont
boisés jusqu'au sommet. *Renseignements nautiques*, etc., page 11.

taine fit faire une anatomie, et luy couper la teste tout à l'entour jusques aux oreilles; et luy fut trouvé sur la cervelle une grosse apostume pleine d'ordure et de noir sang, fort puante qui avoit déjà pourri l'os de la teste par dedans. Après il fut enseveli à la mode marinière. Dieu en ait l'âme!

Le vendredy xiiime jour d'aoust, nostre masterel sur le beaupré rompit. Ce jour mesme, un Breton nommé Jean Dresaulx, lequel avoit langui un mois ou deux, mourut; et fut ouvert pour voir dont luy venoit le mal, et fut trouvé qu'il avoit le poulmon fort empiré, et avoit le creux du corps tout plein d'eau rousse tirant à jauneur, et avoit une grosse apostume en la jointure du genouil dessous le petit os qui meut, qui n'aparoissoit point par dehors. Ce jour, fut la hauteur prise à midy à dix degrez et demy.

Le xivme, jour d'aoust, veille de l'Assomption le cap en l'est nordest, le vent suest.

Le dimanche xvme, jour de l'Assomption, la hauteur fut prise à midy à huit degrez trois minutes; le soir le cap fut mis à l'est; su suest ventoit.

Le jour depuis l'Assomption xvime jour d'aoust, la hauteur fut prise à midy à sept degrez quatorze minutes, et selon la declinaison Me Pierre Mauclerc à sept degrez vingt minutes; et fut mis le cap en l'est suest; su ventoit.

Le mardy xviime jour d'aoust, est suest ventoit, et fismes voile au nordest un quart de l'est, et petit vent.

Le mercredy xviiime jour d'aoust, faisans voile au nordest, la hauteur fut prise à midy à six degrez trois quarts, et selon la declinaison nouvelle, sept degrez et unze minutes.

Le jeudy xixme jour d'aoust, fismes voile en l'est nordest; suest ventoit.

Le vendredy xxme jour d'aoust, la hauteur fut prise à midy à cinq degrez dix minutes, et selon la declinaison à cinq degrez seize minutes. Suest ventoit, et avions le cap en l'est nordest.

Le samedy xxime jour d'aoust, le cap en l'est un quart du nordest, le vent su, la hauteur à midy quatre degrez deux tiers, et selon la nouvelle declinaison, quatre degrez vingt six minutes.

Et le dimanche xxiime, le cap en l'est, la hauteur trois degrez et demy.

Le lundy xxiiime jour, le cap en l'est suest, surouest ventoit; la hauteur prise à midy à trois degrez et demy.

Le mardy xxivme jour d'aoust, faisant cette route, la hauteur fut prise à trois degrez et un tiers; et faut noter que depuis le jeudy de devant, avions trouvé une mer belle et pacifique, et combien que fussions à unze degrez et un quart près du soleil, si n'y faisoit il point grand chaleur; et le temps estoit fort bien moderé.

Le mercredy xxvme, fismes le dit suest; surouest ventoit.

Le jeudy xxvime, faisant cette route, la hauteur fut prise à midy à trois degrez et un tiers.

Le vendredy xxviime faisant cette route, fut la hauteur prise à midy à trois degrez, et calme.

Le samedy xxviiime, calme ou bien petit vent surouest, le cap en l'est suest.

Le dimanche xxixme, le cap en l'est un quart du suest.

Le lundy xxxme, semblablement, su ventoit.

Le mardy xxxime, la hauteur prise à midy deux degrez un quart.

Le mercredy premier jour de septembre, fismes la route en l'est un quart de suest, su un quart de surouest ventoit.

Le jeudy deuxiesme jour de septembre, faisions l'est suest; su ventoit, la hauteur fut prise à midy à un degré de l'équateur en la partie du su.

Le vendredy, au suest un quart de l'est, le vent au su; la hauteur fut prise à midy à cinquante quatre minutes de l'équateur en la partie du su.

Le samedy quatriesme jour de septembre, la hauteur prise à midy à quarante sept minutes; le vent au sur surouest, le cap au suest un quart de l'est.

Le dimanche cinquiesme, fismes cette route et semblable vent.

Le lundy sixiesme jour, fismes le dit suest franchement.

Le mardy septiesme jour de septembre, faisans cette route à midy, la hauteur fut prise à nul degré, sous la ligne; et me faisois près de l'archipelague de Calicut, à vingt cinq lieues ou environ de la deuxiesme isle du bout de devers le su, nous attendant en l'est nordest.

Le mercredy jour de la Nativité Notre Dame, un de nos canonniers mourut, nommé Binet. Ce jour, la hauteur fut prise à midy à deux tiers de l'équateur au costé du nord. Ce jour, fismes voile au suest; le vent au surouest, et selon mon estime, estions par le travers des isles de l'Archipelague, et nous demeurions à dix lieuës au nord vers la terre.

Le mardy, neuviesme jour, vent semblable.

Et le vendredy, depuis midy, calme.

Le samedy, plus calme.

Et le dimanche xiime jour de septembre, plus calme.

Le lundy au soir xiiime jour, mourut le rouppier[1] de notre Pensée nommé Pierre le Conte d'Aust[2]; et mourut tout sec et étique de la gorre, et fut plus de trois semaines sans manger.

Le mercredy xvme jour de septembre, petit vent surouest, le cap en l'est suest, ou au suest.

Le jeudy xvime jour, fut la hauteur prise à midy, et estions à deux degrez au nord de la ligne, le vent se creut un petit sur le midy et ventoit surouest, et avions le cap au suest.

Le vendredy xviime, le vent se creut et fismes voile au suest un quart du su ouest; surouest ventoit. Ce

---

1. Rouppier ou roppier, de l'anglais *rope*, était le nom sous lequel on désignait le maître ou le matelot chargé de l'entretien des amarres et des cordages. Le texte de M. Estancelin porte « tardape, » qui ne présente aucun sens.

2. Il est nommé Pierre Lecomte dans l'édition de M. Estancelin.

jour mourut un Sannais[1] nommé Guillemin le Page marinier et bon homme, lequel avoit longuement langui du mal de jambes, des reins et de l'estomac.

Le samedy XVIIIme jour de septembre, environ sept heures du matin, nous avisasmes plusieurs isles et fut prise la hauteur à midy, et estions droit sous la ligne; et pour ce que nous ne sceusmes doubler les dites isles, à cause que le vent nous estoit escars et avions le cap au suest, parquoy nous relachasmes au ouest surouest. Et la nuit, eusmes force pluye et grand vent.

Le dimanche XIXme fismes voile au suest et aussi assez bon vent à boline et disions ces isles l'archipelague d'auprès Calecut et Commori[2], et estions nord et su.

Le lundy XXme jour au matin, furent avisées six ou sept isles au ouest et au surouest de nous et au su, et fut la hauteur prise à midy et à demy degré au su de la ligne; et ainsi que cuidions à aborder une des dites isles[3], le vent nous fut contraire et nous fallut

---

1. Sannais, natif de la vallée de la Saane. Au lieu de « un Sannais, » le texte de M. Estancelin donne « un cinape. »

2. Le cap Comorin.

3. La petite île située à un demi-degré au-dessous de la ligne est celle qui porte le nom de Atoll Pouwa Moloku. Elle est appelée Poua Mollueque par Pyrard de Laval et désignée fautivement sur la carte de Horsburgh sous les mots de Atoll Pona Molubque. Les îles Maldives (Malaya Dwipa, les mille îles) sont divisées en dix-sept groupes s'étendant depuis l'équateur jusqu'au huitième degré nord. Un certain nombre d'entre elles sont fertiles et bien cultivées; les habitants professent tous la religion musulmane. W. Hamilton, *Statistical and historical description of Hindostan*. Londres, 1820, in-4, tome II, pages 299-301.

L'île où aborda Parmentier est marquée sur la carte dite de Henri II et

4

relascher; et ne cessasmes jusques au vendredy ensuivant de lofuyer pour en atraper quelqu'une. Mais
quand nous estions près, nous ne trouvions point
d'ancrage; puis venoit vent contraire et pluyes jusques
audit vendredy que trouvasmes une isle verte et bien
plantée de palmes contenant une lieuë ou environ.
Jean Masson prit nostre petit batteau et descendit à
terre, et aussi fit le batteau du Sacre. Ceux de terre
leur firent bonne réception et leur présentèrent leurs
fruits de palmes et de figues longues; et Jean Masson
nostre truchement leur donna deux cousteaux et des
miroirs et quelque petit de mercerie; et ils luy firent
présent pour le capitaine d'une petite charrette artificiellement faite d'une pièce qui se plioit en deux,
et aussi envoyèrent au capitaine, entre deux feuilles
d'arbre, environ deux ou trois livres de sucre candi
qu'ils nommèrent *Zagre*, qu'ils font des dites palmes,
et environ un quarteron ou demi cent de pelotes de
gros sucre noir, qui est tiré d'avec le dit sucre candi,

que M. Jomard a reproduite dans ses *Monuments de géographie ou recueil
d'anciennes cartes européennes et orientales*, in-fol. Elle est désignée sous le
nom de *la petite Molucque*.

Le navire le *Corbin* à bord duquel était embarqué Pyrard de Laval fit naufrage, le 1er juillet 1602, sur les récifs de l'île de Pandoue à cinq degrés au nord
de la ligne. Pyrard de Laval, qui séjourna quelque temps dans les Maldives
et visita les îles principales, en a donné une description fort exacte et fort inté-
ressante. *Voyage de François Pyrard de Laval contenant sa navigation aux Indes
orientales, Maldives. Moluques et au Brésil... divisé en trois parties*. Paris, 1679,
in-4. Part. I. pages 34-234. On peut consulter aussi le mémoire de J. Horsburgh inséré dans le tome II, pages 72-92 du Journal de la Société royale
de géographie de Londres, sous le titre de : *Some remarks relative to the geo-
graphy of the Maladdiva Islands*, etc.

ainsi que le marc ou l'assiette de la chose dont est
le dit sucre composé.

Le samedy xxvme jour de septembre, mourut un
de nos mariniers nommé Jean François.

Nostre capitaine descendit en la dite isle luy mesme
en personne, ayant les deux batteaux bien armez et
en bon ordre ; et fut fort honnestement receu du principal et grand archiprestre de l'isle, lequel se vint age-
nouïller devant luy, et luy voulut baiser les mains en
luy présentant un beau gros limon tout rond comme
une grosse orenge ; et le capitaine le courut lever et
embrasser, et luy fit présent de deux grands cousteaux
que fort il estima. Le menu peuple de l'isle escalloient
force de coques de palme, et présentoient à boire
l'eau de dedans à nos gens.

Item, il y en eut encore deux ou trois de l'isle qui
présentèrent un petit de limons au capitaine. En cette
isle, il y avoit un temple ou mosquette de façon
assez antique et magistralement faite et composée
de pierre. Le capitaine le voulut voir tant dedans
que dehors : le grand prestre le fit ouvrir et entra
dedans, et l'ouvrage luy pleut fort, et en espécial
une closture de hucherie qui y estoit fort bien assem-
blée, enrichie de moulures d'antique les plus belles
qu'il vit jamais, avec balustres mignonnement tour-
nées, si que le menuisier de nostre nef s'esbahit de
voir si bon ouvrage en ce temple, avec des galeries
tout autour ; et au bout, un lieu secret clos de hucherie, comme un Sancta sanctorum. Le capitaine
le fit ouvrir pour voir qu'il y avoit dedans, et pour

sçavoir s'il n'y avoit nuls idoles; mais il n'y aperceut qu'une lampe faite de coques de noix de palmes. Le comble ou voute du dit temple estoit de forme ronde, bien lambrissé et peint d'antique. Auprès de ce temple, y a une piscine ou lavatoire pavé à fond de cuve, de pierre comme marbre, bien taillée à bonnes moulures d'antique, et sembloit composée de grande ancienneté. En un autre lieu plus à costé, avoit une manière de puis ou fontaine quarrée, profonde de six ou huit pieds, et dedans avoit plusieurs perches ayant chacune une courge au bout dont ils puisoient l'eau; et ce lieu estoit tout pavé à fond de cuve, et semblable pierre que le lavatoire dessus dit; et ont en cette isle, plusieurs puis ou fontaines semblables, et si y a plusieurs petites chapelles ou oratoires, et suivant la forme du grand temple[1].

1. Pyrard de Laval donne une description des mosquées des îles Maldives qui concorde avec celle de la relation du voyage de J. Parmentier.

« La religion qu'ils tiennent est celle de Mahomet, et il n'y en a point d'autre par toutes ces isles, si ce n'est des estrangers qui y abordent, encore sont-ce le plus souvent Arabes ou Malabares ou Indois de Sumatra qui tiennent la mesme religion. Leurs temples s'appellent mesquites qui sont bien bastis de belle pierre taillée et bien jointe, la muraille espaisse au milieu d'un grand enclos carré, entouré de murailles où est leur cimetière où ils enterrent leurs morts, c'est à sçavoir une partie, car ils choisissent leur sépulture où ils veulent et ils en veulent avoir chascun une en particulier. Ce temple est quarré et il est tourné vers l'occident pour ce qu'ils disent que c'est le costé du sépulcre de Mahomet... Le comble est fait de bois ; en quoy j'ai admiré la charpenterie; car cela est si poly et si bien ouvré qu'il ne se peut rien de mieux. Les parois sont revestus de bois menuisé et travaillé de mesme. Et le tout, tant la charpenterie du dessus que la menuiserie du dedans, est assemblé sans clou et sans aucune cheville, et il tient néantmoins si ferme, qu'on ne le peut desassembler, à moins qu'on en sceust l'artifice...

Leurs maisons sont petites et méchantes. Les gens petits et maigres, et nos gens ne virent guère de jeunes femmes, mais quasi toutes vieilles, maigres, pauvres et chenues, et y avoit peu de chose en leurs maisons. Parquoy on estimoit qu'ils avoient fait retirer tout leur bon bagage dedans l'isle, et leurs jeunes filles et enfans, craignans qu'on ne les prist par force, et cela se pouvoit facilement faire par le conseil de l'archiprestre qui est un grand sage homme. Car il y eut un petit estrif entre le capitaine et le Portugais du Sacre : car le dit Portugais disoit à ses compagnons que cette isle estoit une des isles de Maldive, ce que ne pouvoit estre ; car nous étions demi degré au su, et les isles de Maldive sont depuis sept degrez jusques à dix-sept en la bande du nord ; parquoy le capitaine luy dit qu'il ne disoit pas bien, et pertinax en son opinion disoit que si, et que l'on demandast à l'archiprestre ; lequel archiprestre dit que cette isle avoit nom Moluque et que les isles de Maldive en estoient bien à deux cens licuës au nord de la dite isle. Nonobstant, j'ay veu depuis en une carte de Portugal où les isles dessous la ligne sont nommées de Maldive ; outreplus, le dit archiprestre

---

Au bout du temple, vers l'occident, il y a un petit enclos de bois, comme un mémoire de chœur d'église (c'est à sçavoir celuy de l'isle de Malé) où se met le roy avec celuy qui est le plus proche de sa personne qui porte son espée et sa rondache, le grand Pandiore (Cady) l'un des Catibes (Khatib, prédicateur) et les quatre moudins (mouezzins). » François Pyrard de Laval *Voyage*, part. I, pages 92-93.

Les Maldives sont aussi désignées par les cosmographes du xvi⁰ siècle sous le nom de Moluques.

montra au capitaine en quelles erres du vent gisent
les terres d'Adam, de Perse, d'Ormus, de Calicut,
de Zeilan, de Moluque, et de Sumatra; et montroit
estre homme sçavant et avoit beaucoup veu, et estoit
fort dévot, humble et amiable, de hauteur commune, la barbe blanche, se montrant aagé de quarante
à cinquante ans, duquel le nom estoit Brearou Lea-
carou. Cependant nos gens chargèrent des eaux, et
le capitaine les paya honnestement de leurs coques
et figues longues et vertes qui furent chargées aux
batteaux, et prit congé d'eux, et fit retirer ses gens
dans les batteaux pour retourner en leur nef qui
loüioit par faute d'ancrage. Ils appellent Dieu Allah.
Et ce soir, après souper, fismes voile au suest un
quart du su, vent à boline.

Le dimanche xxvime de septembre fut prise la
hauteur à deux tiers de degré au su; le soir fit un
petit calme.

Et le lundy ensuivant, le soir vers la fin du premier quart, le vent vint, mais il n'avoit point d'arrest.

Le mardy xxviiime jour de septembre, fut la hauteur prise à midy, à trois quarts de degré au su,
faisant voile au suest un quart du su, et au su suest.

Le mercredy xxixme, suroüest ventoit et fismes
voile au suest un quart de l'est.

Le jeudy xxxme jour de septembre, ventoit et
fismes voile à l'est suest; la hauteur fut prise à midy
à degré et demi au su.

Le vendredy premier jour d'octobre, petit calme et petit vent variable.

Le samedy deuxiesme jour d'octobre, la hauteur fut prise à midy à un degré treize minutes en l'est suest.

Le dimanche, petit vent et calme; le lundy aussi.

Le mardy cinquiesme jour d'octobre, la hauteur fut prise à midy à un degré et un tiers; petit vent, ayant le cap en l'est suest.

Le mercredy sixiesme jour, devant le jour, durant le dernier quart, mourut Aleaume de Rambures, qui avoit esté fort malade, et mourut fort usé et sec.

Le jeudy septiesme jour, à midy, fut prise la hauteur au su à un degré quarante et une minutes; vent entre deux lotz, le cap au suest un quart de l'est.

Le vendredy et le samedy en l'est suest, et vent derrière et à quartier.

Le dimanche dixiesme jour d'octobre, la hauteur fut prise à midy à deux degrez douze minutes et me faisois à cinquante cinq lieuës de l'isle de Taprobane.

Le lundy, mardy, mercredy, et jeudy xivme jour, nous eusmes tout plein d'indices de la terre, car un tiercelet de faucon qui s'estoit tenu en nostre nef douze ou quinze jours, prenant tous les jours sa proye et la venant manger sur nostre verge, et fut pris par deux fois et luy donna-t-on congé, il nous laissa, parquoy nous estimions qu'il avait veu terre; et si prismes un martelet, et un hochecu vint à notre bord; fismes voile en l'est un quart du suest: le plus du temps, vent derrière et bon vent.

Le jeudy, la hauteur fut prise à midy à un degré six minutes; et ce jour fut veu un serpent venant de terre et une lune d'eau.

Le vendredy et samedy, nous eusmes tout plein d'indices de terre, comme de petits oiseaux et de varest. Ceux du Sacre peschèrent deux serpens liés par les queuës qui flotoient sur la mer et en firent présent à nostre capitaine, et tous les jours ensuivans, nous voyons toujours quelques indices de terre.

Le dimanche xviime jour, nous pensions voir l'éclipse. Ce jour mourut un de nos trompettes nommé Beausseron. La dite éclipse ne fut vue au moyen du temps, de l'obscurité, et des pluyes qui faisoient empeschement d'en voir quelque partie, selon notre avis ; car nous eusmes toute la nuit et semaine bruines et pluyes, et fismes assez bon chemin, car le plus du temps, eusmes vent derrière à quartier, et faisions voile en l'est un quart du suest.

Le lundy et le mardy xixme jour d'octobre fismes cette voye.

Le mercredy xxme jour à midy, un des mariniers de notre nef nommé Pollet, vit terre, que l'on n'estimoit qu'une petite isle ; mais en découvrant, agrandissoit [1].

---

1. L'île de Poulo Nyas désignée sous le nom de Plate-Verte sur la carte dieppoise publiée par Ramusio et sur d'autres cartes du xvie siècle. Cf. sur Poulo Nyas, Veth, *Woordenboek van Nederlandsch Indie*, tome IV, pages 568 et suiv.

Et le jeudy en vismes trois ou quatre, et entrasmes entre deux isles fort couvertes de grands bois, ce qui sembloit que ce fut haute terre, et nonobstant elle estoit fort basse[1]. Ce dit jour mourut un des pages de nostre navire, nommé Barbier. Ce jour nous descendismes à la petite isle, et trouvasmes que c'estoit beau bois pour nous racoustrer, parquoy,

Le vendredy, nous y retournasmes et abatismes force bois, et le samedy aussi, et prismes la hauteur à midy à deux tiers de degré au su. En allant en cette isle, nous trouvasmes plusieurs boures; nous en tirasmes plusieurs haut où nous trouvasmes tout plein de bon poisson et de diverses sortes, colorez et figurez, et estoient en des nasses faites de clissettes de bois bien faites, quasi en manière d'un cœur, fors qu'il estoit un peu rond par bas, et les cordes pour les haller n'estoient que de rampe grosse comme le doigt, faites ainsi qu'un roseau, mais elles estoient trop plus longues que roseau; car il y en avoit qui avoient plus de vingt brasses de long et est fort simple, et sont quasi aussi grosses à un bout qu'à l'autre, et sont noüées ensemble trois ou quatre, bout à bout pour tenir la nasse et la boure. Ceux du Sacre prirent leur bois et leur eau à la grande isle, à cause qu'ils estoient ancrez auprès ; nous à la petite. Et ces deux isles ne sont point habitées de gens.

---

1. Ce chenal, où s'engagèrent la Pensée et le Sacre, se trouve entre l'île de Tanah Massa et celle de Poulo Nyas.

La petite île dont parle l'auteur de la relation est celle de Tanah Ballah.

Le dimanche, nous retournasmes à l'isle, et y fut chantée messe par nostre chapelain, et aussi y avoit chanté le samedy semblablement ; puis, recueillismes du bois pour faire les cloaisons en notre nef. Et cependant que nous allasmes à terre, le Four, fils de l'oublieur nommé Thomassin le Boulanger mourut, dont Dieu ait l'ame. Et allasmes le capitaine et moy, avec le capitaine du Sacre, voir l'isle Parmentiere, qui estoit fort bien plantée de bois, et si y avoit au bord de la mer, une fontaine d'eau douce fort claire et excellemment bonne.

Le lundy, jour St Crespin et St Crespinian, fusmes requérir le demeurant de nostre bois, et recueillismes cinq nasses en chemin avec les boures et cordages, et si eusmes du poisson pour faire chaudière, et jettasmes deux de nos nasses près nostre nef.

Le mardy, on y trouva quelque peu de poisson et l'aporta-t-on à bord. Le capitaine prit la situation de ces deux isles où nous fusmes, et trouva que la Louise et la Parmentiere gisent nord et su par le milieu, et sont distantes l'une de l'autre dix lieuës. La Marguerite et la Parmentiere gisent surouest et nordest, distantes par le milieu l'une de l'autre trois lieuës et par le bout devers l'est une lieuë. La Parmentiere est au su de la ligne à deux tiers de degré, et auprès des deux, y a bel ancrage partout à vingt-cinq, à vingt, à dix-sept, et à quinze brasses.

Le mercredy veille St Simon et St Jude, mourut un nommé Nicolas Boucher, serrurier, premier malade, et le jour devant mourut Colinet Fayolle, argentier du Sacre. Ce jour, après midy, nous partismes des dites isles.

Le jeudy xxviiime jour St Simon et St Jude, fismes voile en l'est nordest, et passasmes entre la Parmentiere et la Marguerite, outre la Marguerite. Et entre la Parmentiere et la Louise est une longue barre de bancs environ de huit ou dix lieuës, et gisent nord et nordest et su suest[1]. Ce jour, fismes environ huit lieuës. Le soir, mismes les voiles bas ; et y a diverses marées, car il n'y a isle ne cap qui n'ait marée diverse ; mais la marée plus continuë vient de l'est.

Le vendredy xxixme jour d'octobre au matin, nous vismes terre grande, toute rangée quasi nord et su.

Le samedy, nous en aprochasmes à dix ou douze lieuës près.

Le dimanche dernier jour d'octobre, ancrasmes à deux lieuës de la terre.

Et le lundy jour de Toussaints, nostre grand batteau et celui du Sacre furent à terre, et nageasmes longuement au long de la côte, sans trouver descente ; mais, à une petite ance, nous trouvasmes lieu assez convenable pour descendre, et se vinrent présenter devant nous plus de trente des gens du pays avec rondelles, dards et espées ; mais, sitost que .

---

1. Ces trois iles, qui font partie du groupe des iles Batou, sont désignées aujourd'hui sous les noms malais de Tanah Ballah (la Louise), Tanah Massa (la Marguerite) et Poulo Pini (la Parmentière). Les noms de Louise et de Marguerite furent donnés à deux d'entre elles en l'honneur de Louise de Savoie, mère de François Ier et de Marguerite de Navarre, sœur de ce prince.

nostre truchement et facteur Jean Masson eut parlé
à eux, il s'en mit deux ou trois à l'eau, et vinrent en
nostre batteau, aportèrent du ris un petit pour des
cousteaux et des miroirs, et un coc et un pouchin que
nous renvoyasmes pource qu'ils vouloient avoir un
bougran pour cela; et nous montrèrent du poivre,
disans qu'il en croissoit force en cette isle, et qu'il y
croissoit de l'or ; mais qu'il y avoit à une, deux, ou
trois lieues de là vers le su une ville nommée Ticou [1], où le Roy nommé Sultan Megilica [2] se tenoit, et
s'en vinrent trois avec nous qui nous promirent nous
y mener, moyennant que chacun eust un bougran
rouge, et quelques cinq quartiers de toile blanche, un
cousteau et un miroir.

Le mardy matin jour des Morts, vint un esquif
de terre, et trois hommes dedans, dire au capitaine

---

1. Ticou est le nom d'un canton de la résidence de Padang dont le chef-
lieu porte le même nom. Le village de Ticou compte aujourd'hui huit cents
maisons construites en bambou. Le port est bon, et les navires s'y trouvent
abrités contre tous les vents. La rade est couverte par trois îles basses. Les
Hollandais établirent en 1670 à Ticou une factorerie fortifiée pour protéger
leur commerce de poivre et de poudre d'or. Elle fut abandonnée pendant
quelque temps, puis réoccupée ; le fort fut reconstruit en 1823.

Veth, *Woordenboek van Nederlandsch Indie*, tome III, p. 961.

2. Thevet fait mention dans sa *Cosmographie* de ce prince qui régnait à
Ticou. « Ceste isle cy (Sumatra) estant gouvernée de plusieurs roytelets qu'il
a esté dit cy devant, en l'an mil cinq cens vingt trois, la pluspart de l'isle
fut saccagée et brulée par quelques pilotes et gens de guerre de Cephala : à
la compaignie desquels estoit un vieil chrestien abyssin nommé Athiel que
je trouvay en Egypte qui me compta des choses grandes et remarquables
qu'il avoit veües y estant esclave six ans entiers au royaume de *Pedir*, du
temps d'un roy nommé *Megelicaraga*, mot moresque, qui se tenait à Ticou
ville dudit royaume. » *Cosmographie*, fol. 422, v°.

que le Roy luy mandoit qu'il fust le bien venu, et
qu'il menast encore son navire entre la terre et trois
isles qui sont devant la ville de Ticou, et que nostre
navire y seroit seurement et en bon abri, et que
le Roy luy vouloit faire quelque présent, et le capitaine luy dit qu'il remercioit le Roy, et qu'il avoit
volonté aussi de luy faire un honneste présent et
l'aller voir à terre ; et les ancres furent levez, et
allasmes entrer entre la grand'terre et le prochain
islot[1]. Et quand nous fusmes arrivez et jetté l'ancre
hors, arriva un autre esquif de terre qui fit présent
de par le Roy au capitaine de deux chevreaux, un
quarteron de coques, et un boisseau de ris, avec
feuilles de botre et chaux vive esteinte, et d'une racine
fort mince en une escuelle de cuivre en façon de
tasse, le bord espais et le demeurant tendre, bien
legère. La botre est une feuille dont ils tiennent
grand compte et en mangent fort souvent devant ou
après leur repas, avec un peu de chaux esteinte, et en
la mangeant, elle donne bonne odeur, et rend un
jus rouge dont ils ont les dents rouges, et cela leur
garde leurs dents[2].

---

1. Les ilots qui se trouvent devant Ticou sont au nombre de trois : ils
sont boisés et situés à environ trois quarts de mille l'un de l'autre. Ils portent en malais les noms de Poulo Rapie, Poulo Kassi et Poulo Tenga. *Instructions*, etc., p. 71.

2. La plante du bétel porte en malais le nom de *sirih*. Le mot *boutir*,
dont l'auteur a fait botre, désigne la petite boule de chaux couverte de
feuilles de sirih que mâchent les habitants de la Malaisie.

D. Garcia de Orta, médecin du vice-roi des Indes, a écrit une histoire des
plantes aromatiques et des simples qui croissent aux Indes. Cet ouvrage a

Le mercredy, il vint encore un esquif de terre dire que le Roy entendoit que nostre capitaine descendit. Le capitaine dit qu'il n'iroit point à terre qu'il n'eust de tous pleiges dedans la nef : et ils dirent qu'ils auroient des pleiges assez, et fut conclud que Jean Masson, Nicolas Bout, et moy, irions à terre ; et demeura deux ou trois pleiges pour nous dedans le bord, à celle fin que nous eussions connoissance de ceux de la terre qui estoient plus suffisans pour estre pleiges de nos capitaines. Nous, descendus à terre, fusmes recueillis assez humainement de ceux du pays, et conduits jusques au lieu où le lieutenant du Roy nommé Tue Biquier raza [1] nous attendoit avec toute la seigneurie de la ville de Ticou, lequel vint au devant de nous accompagné de deux principaux gouverneurs, et nous le saluasmes pensans que ce fust le Roy, ainsi que nous avoient donné à entendre ceux qui nous conduisoient. Après la salutation, il nous mena sous un arbre où tous ses gens l'atten-

---

été traduit en latin par Cluvius et publié par Plantin en 1567. D. Garcia de Orta donne au bétel le nom de Betre. « In Malavar vocatur *Betre*, in Decan, Guzarate et Canam *Pam*, in Malaio *Siri*. » *Aromatum... historia, etc.*, p. 92.

1. Ce nom, mal orthographié, doit être ainsi restitué : Bou Bequier Raza (Abou Bekr radja) ; le manuscrit qui a servi à l'édition publiée par M. Estancelin donne le mot Raïs comme terminant le nom de cet officier. Cette leçon me semble devoir être préférée à celle de Radja. Nous trouvons ce même titre dans la relation d'*un gran capitano del mare francese del luogo di Dieppa* : « Io non hebbi pratica salvo che di duoi officiali di tutto il detto luogo, e sotto questo re, delli quali l'uno era il capitano delli genti d'armi nominato Nacanda raïa che vuol dire il capitano del re. » Ramusio, tome III, page 432. Le mot Nakhouda est persan et désigne, dans cette langue, le patron et le pilote d'un bâtiment. Le terme arabe Reïs a la signification de chef et celle de capitaine de navire.

doient ; et s'assit à terre les jambes croisées comme
un couturier, et à sept ou huit pieds de l'environ ses
gens s'assirent en manière d'une couronne, à la pou-
drette, les jambes croisées, et nous fit signe que
nous nous seissions comme les autres ; ce que nous
fismes, et on luy vint présenter des feuilles de botre et
aux principaux, et nous en fit donner dont nous man-
gasmes. Après cela, ledit lieutenant demanda qui nous
estions, qui nous menoit, qui nous cherchions. Jean
Masson luy dit en la langue malaye que nous estions
François, et qu'il y avoit huit mois que nous estions
partis de nostre pays, pour les venir voir, et leur
aporter de bonnes marchandises de nostre pays dont
il leur nomma plusieurs espèces, et aussi pour avoir
de leur poivre et autres marchandises, ce qu'ils escou-
toient volontiers. Ils demandèrent si nous estions
point gens de guerre ; il leur répondit que nous
estions marchands, et que nous ne demandions que
paix et amour ; mais qui nous voudroit faire tort,
estions gens pour nous deffendre et vanger ; et que nos
capitaines avoient grand désir de trouver bonne paix
et amour avec eux ; et ils dirent qu'ils le seroient
aussi. Et après plusieurs paroles où n'entendions rien,
car Jean Masson ne nous disoit pas tout en françois,
ledit lieutenant du Roy se leva et tous les seigneurs
et nous aussi, et fusmes conduits en la maison d'un
des principaux gouverneurs de la ville, où nous
fusmes bien traitez à la mode du pays, une natte de
de jonc blanc estenduë sous nos pieds ; et nous fut
présenté pour notre souper un plat de pourcelaine

plein de riz à demy cuit à l'eau sans sel, et environ
la moitié d'un coq haché par morceaux avec le broüet
qu'ils mirent sur le riz, et la grand'tasse de cuivre
pleine d'eau claire, et mangeasmes tout à la belle sauce
d'apétit avec un peu de pain que nous avions aporté
de la nef, qui bien nous servit. Et puis après souper,
nous couchasmes au lieu où nous avions soupé sur la
natte de jonc tendre ; et nos manteaux nous servirent
d'oreiller, et Dieu sçait comme nous fismes mains
tours la nuit ; et ainsi attendismes le jour que nous
desirions fort pour nous peigner, afin d'abatre la
plume de nos cheveux.

Le matin, nous retournasmes à la nef, et vint avec
nous le Chabandaire de Ticou¹, qui est quasi tout

---

1. Chàhbender est un mot persan qui signifie le roi du port. C'est l'équi-
valent du titre arabe de *Melik et Toudjar* (roi des marchands) donné au négociant le plus notable d'une place de commerce, ou à un officier servant
d'intermédiaire entre les différentes corporations et les étrangers pour l'esti-
mation et la fixation du prix des différentes marchandises. Il intervenait dans
les discussions et les différends qui s'élevaient en matière commerciale.

« Entre les officiers royaux y en a deux des plus remarquez et qui tiennent
la main à tout l'Estat et police, à sçavoir le general de l'armée qu'ils appellent *Nacauda-Roua* c'est-à-dire Royal Capitaine et un qu'ils nomment *Cham-
bendure* lequel a charge de donner pris à toutes marchandises qu'on porte
en l'isle : et sans licence duquel il n'est aucun si hardy, qui osast achepter
ni vendre : aussi est-ce lui qui leve les daces et tributs qui sont deuz au Roy
sur chacune espèce de marchandise. C'est luy qui fait satisfaire et payer aux
marchans estrangers leurs denrées seurement et fidelement si quelqu'un de
l'isle achepte d'eux quelque chose. » Thevet, *Cosmographie*, fol. 422,
v°, 423.

Vincent Leblanc nomme cet officier « Sabandar. » « Le roy de ce pais
voyant son peuple de si peu de foy, et que cela luy tourne à mespris et
dommage, il leur deffend de negocier et fait reconnoistre la quantité qu'un
chascun a de poivre et y fait mettre un certain prix auquel ils ayent quelque

gouverneur du Roy, et assiet les prix de toutes les
marchandises qui s'acheptent et vendent, et tient les
poids et les mesures, et nul n'oseroit vendre ou achepter sans son congé; et croy qu'il a luy seul tous les
offices du royaume, car nous n'y vismes point d'autres officiers; et Dieu sçait les belles promesses que
ledit Chabandaire nous fit, tant de nous faire bien
vendre nos marchandises, que de nous faire charger
du poivre. Nous venus en nostre nef, il fut recueilli
honorablement de nos capitaines, ainsi que si c'eust
esté la personne du Roy. Le capitaine luy fit un present assez honneste, et luy fit montrer plusieurs sortes
de nos marchandises desquelles il nous promit
avoir bientost la depesche; mais il disoit qu'on ne
sçauroit faire marchandise tant qu'on eust fait le present au Roy, et eust bien voulu que ce jour mesme
l'on eust esté le faire: mais il fut differé jusqu'au
dimanche septiesme jour de novembre. Ce nonobstant, que tous les jours il venoit quelque messager
dire que le Roy n'attendoit que ce present, et pourquoy on differoit tant. Cependant nos capitaines
firent faire des habits triomphans pour se presenter
devant le Roy en bon ordre pour faire le present.

profit, puis il envoya son *Sabandar*, l'un des principaux de son palais avec
ses gens, aux magasins pour en negocier avec les marchans du dehors. Mais
il faut estre averty de trocquer les marchandises à moitié, chose pour chose,
et l'autre moitié en argent. » *Les voyages fameux du sieur Vincent Leblanc,
marseillais... redigez fidellement sur ses mémoires et registres tirés de la Bibliothèque de M. de Peiresc, conseiller au Parlement de Provence et enrichis de très
curieuses observations* par Pierre Bergeron. Paris, 1648, in-4; part. 1, p. 137.

Le dimanche septiesme jour de novembre, nos capitaines esquiperent les bateaux, et descendirent en bon ordre à terre avec leurs presens, et n'y sceus aller, à cause d'un heurt que j'avois eu en la jambe, en retournant de terre, en descendant en notre nef, parquoy je n'en feray pas long recit à cause que je n'en ay rien veu. Mais le present fut honorablement porté et honnestement receu selon la coutume du pays, avec bonne paix, alliance et amour par foy promise entre France et Ticou, promettans estre tous amis de leurs amis, et ennemis de leurs ennemis, et eux à nous par reciproque, tant qu'ils disoient tous, Ticou France, et France Ticou.

Le dimanche quatorziesme jour de novembre, pour ce qu'il m'estoit un peu amendé de ma jambe, j'allay voir le capitaine à terre, et m'y tins huit jours avec luy, et autres huit jours avec son frere, à cause du barbier du Sacre qui medecinoit ma jambe. Durant ce temps, on fit quelque peu de marchandise avec ceux de la ville et les marchands de dehors, environ jusques à une livre d'or, d'un peu de miroirs, de coins de fer, et sept ou huit aunes de rouge, et non pas sans fort barguigner, et ne fit on autre chose durant quinze jours que nous fusmes à terre : parquoy nos capitaines delibererent d'eux retirer, et nos marchandises au plustost, parquoy Maistre Raoul Parmentier qui estoit demeuré à terre fut prendre congé du Roy et des Oranchaies [1], ce sont les grands sei-

1. Le mot malais *Orang caya* signifie littéralement homme riche ; on désigne sous ce nom et les notables et les personnages de marque.

gneurs de Ticou : mais quand ce vint au partir, le Chabandaire ne nous voulut point laisser aller qu'il n'eust
un sien frere, et encore un autre de Ticou qui estoient
en ostage au Sacre. Le capitaine luy promit qu'il ne
partiroit point de la terre que les autres fussent venus. Nonobstant toutes promesses, voyans que nous
faisions nos aprests pour partir, le dit Chabandaire
assembla plus de cinq cens hommes, ayans chacun
une pertuisane emmanchée de roseau ou de bois,
une rondelle et un gois. Le Portugais du Sacre qui
alloit et venoit avant la ville fut adverti de ces choses,
et vint prier au capitaine qu'il leur baillast ostage, jusqu'à ce que leurs gens fussent venus, pour eviter à
tous belliqueux debats, qui sont dangereux de tous
costez, et qu'il estoit content de demeurer pour un, et
je dis que je demeurerois volontiers pour l'autre.
Le capitaine dit que je ne demeurerois point, et
Me Jean le Paintre se presenta pour y demeurer ce
que le capitaine acorda. On fit venir le Chabandaire,
et le Portugais luy dit ce qui avoit esté ordonné, dont
il fut content; mais il ne voulut point que Me Jean
demeurast, mais que je demeurasse avec le Portugais
pour ostage : le capitaine ne vouloit; je le priay de
demeurer, ce qu'il m'acorda bien envi. Le Chabandaire nous mena chez nostre premier hoste, et nos
gens se retirerent à bord en bon ordre, à tout lances
à feu, arquebuses et rondelles, et nous voyons en
allant avant la ville grand' flote de gens portans rondelles et dardilles, dont je faisois semblant de rire,
et notre hoste me regardoit et rioit, et quand nostre

capitaine fut à bord de la riviere, il envoya un autre bateau à bord, pour aporter les pleges et ostages, et dit qu'il ne partiroit de terre tant qu'ils fussent venus, et furent longtemps sur la greve à faire le colimasson, et se mestans en ordre de bataille le tambour, le phifre, et la trompette sonnoient; et ceux de Ticou estoient grande multitude qui les regardoient de bien loin, et avoient grand'peur. Parquoy le Chabandaire nous vint dire que j'allasse au capitaine luy dire qu'il se partist de là, et que nous ne partirions point tant que les ostages fussent en leurs maisons : je dis au Portugais que cela ne seroit pas bon, et que s'ils vouloient, après avoir eu leurs ostages, ils nous retiendroient; et il dit qu'il leur avoit promis ainsi et que je ne doutasse rien. Toutefois je fis promettre la foy à Molona[1] et à mon hoste qu'ils garderoient qu'on ne nous fist aucun destourbier, et que j'irois vers le capitaine luy dire que je ne partirois de leur terre tant que les ostages fussent venus, et ainsi fut fait. Et quand je fus vers le capitaine, il me dit que je demeurasse avec luy et que je ne retournasse point, et qu'il avoit envoyé querir les ostages; mais qu'il ne partiroit point du bord du bateau tant qu'Antoine le Portugais ne fust venu. Je luy priay afin qu'il n'y eust plus d'estrif, qu'il envoyast hardiment les ostages en leurs maisons, et que je retournerois avec le dit Antoine, ce que je luy avois promis; il dit

1. Maulana (Notre Seigneur), est un terme de respect donné par les musulmans aux personnes revêtues d'un caractère religieux, ou exerçant des fonctions judiciaires.

qu'il le feroit, puisque je le voulois ainsi, mais qu'il
ne partiroit de terre que nous ne fussions à sa compagnie. Quand je fus retourné, ils me demanderent
pourquoy notre capitaine ne s'en alloit, je leur fis
dire que c'estoit pour ce qu'il avoit juré ne partir de
terre tant que leurs gens ne fussent venus. Ils demanderent pourquoy notre capitaine estoit ainsi parti de
la ville en ordre de bataille, et je dis qu'on nous
avoit avertis qu'ils s'estoient mis en armes pour nous
tuer; et ils dirent qu'on leur en avoit dit autant de
nous. Et quand leurs pleges furent venus, ils nous
donnerent congé amoureusement, et nous embras-
serent disans : Ticou, France! et adieu Ticou.

On demanda six marcs d'or au Chabandaire qu'il
devoit; il differa à les bailler, parquoy nos capitaines
indignez contre luy pour autres choses, le lendemain,
après avoir receu les ostages, declarerent la guerre à
ceux de Ticou s'ils ne luy envoyoient le Chabandaire. Et quand il ne venoit plus nuls marchands,
nous allions visiter la ville et voir les Oranchaies
avec notre capitaine. Un jour entre les autres, estans
avec notre truchement, notre capitaine tint propos
avec Molona, le grand prestre de la ville, qui avoit
un beau fils faisant dejà l'office de prestre. Il luy fit
demander, qui estoit le premier homme pere de tous
les hommes; il dit que c'estoit Adam et sa femme
Eve, et qu'ils eurent huit enfans; mais le propos
pour cette heure ne dura point longuement à cause
d'autres Oranchaies qui estoient presens et fut dit
qu'ils en parleroient plus à plain une autre fois : par-

quoy, à un matin, notre capitaine se delibera de
l'aller voir, et mena seulement avec luy Nicolas Bout,
le truchement, et moy. Mais quand ce vint à parler,
il protesta que notre capitaine ne se courrouceroit
de chose qu'il luy dit, et aussi ne feroit-il. Le capitaine luy fit demander s'il avoit connoissance comment Adam transgressa le commandement de Dieu,
pour laquelle transgression il fut banni du Paradis de
delices, et fut sujet à mort, et après mort, aller en
enfer luy et tous les humains. Il dit que ouy, et nous
conta comment le diable ou serpent donna le fruit à
la femme qui en donna à Adam, et comment il s'en-
fuit et se mussa, et qu'Adam mentit à Dieu, et qu'il
dit qu'il n'en avoit point mangé. Le capitaine luy
demanda s'il sçavoit bien qu'il luy feroit misericorde;
il dit que ouy. Il demanda plus outre, s'il avoit connoissance comme Dieu avoit envoyé son Verbe di-
vin se faire chair en terre et s'incarner en une vierge
par l'operation du Saint-Esprit : et comment ce
Verbe, qui est le fils, est engendré du Pere, ainsi que
la parole est engendrée au cœur et en la pensée de
l'homme; et que le Saint-Esprit procede du Pere et
du Fils, qui est l'amour des deux. Notre truchement
dit qu'il ne sçavoit dire cela. Il luy demanda s'il avoit
ouy parler de Jesus et de la Vierge Marie, il dit que
ouy : et pour ce que le truchement ne pouvoit bien
parler de ces choses, le propos fut changé.

Ticou est situé sous l'equateur justement en la
terre de Tropobane[1], au costé du ouest; la coste gist

1. « Pour le regard de Sumatra, c'est une des belles et grandes isles

su un quart de suest; la ville de Ticou n'est pas
grande, et y a deux ou trois ruës : elle est close aux
deux bouts de gros pieux de bois fichez en terre, et
là sont les portes, et pour la closture y a des boises

du monde, appelée autrefois *Taprobane* et *Palesimonde*. Il y en a qui veulent que ce soit la Chersonese d'or des anciens et l'*Ophir* tant renommé de
Salomon. Quelques peuples l'appellent *Tosan*, c'est-à-dire isle grande, pour
ce qu'elle a plus de huict cens lieues de tour. Ceux de Malaca disent qu'elle
estoit autresfois jointe à leur terre-ferme, mais qu'un tremblement de
terre l'en a séparée.

« Elle est située directement sous la ligne equinoctiale, au premier
climat, qui luy rend les jours et les nuits en perpetuelle égalité. Elle est
divisée en plusieurs provinces qui forment trois grands royaumes principaux, dont le plus estimé en richesses est celuy de *Sangar*, commune-
ment appelé *Pedir*, bien que tous les autres ayent des mines d'or, d'argent
et autres métaux et les meilleures drogues et espiceries de tout l'Orient ;
aussi le poivre qui en sort est plus gros et plus picquant que tout autre
pour estre mieux nourry, estant directement sous la Torride, qui rend le
pais le plus tempéré et le plus habité qui soit au monde... Ses peuples sont
dociles, mais de peu de foy et ne fait pas bon négocier avec eux, car ils sont
suiets à se desdire pour leur profit.

« Cette isle est habitée de *Gentils*, Mores et Juifs; il y a force Turcs qui
s'y sont retirez pour la bonté de l'air et du pais. Les idolatres seuls sont
naturels du lieu, les autres venus d'ailleurs. » *Les voyages fameux du sieur
Vincent Leblanc marseillais,... redigez fidellement sur ses mémoires et registres
tirés de la Bibliothèque de Monsieur de Peiresc, conseiller au Parlement de Provence et enrichis de très curieuses observations*, par Pierre Bergeron. Paris,
1648, in-4, part. I, p. 137.

Je crois devoir ajouter les titres des principaux ouvrages publiés sur Sumatra depuis les dernières années du siècle dernier.

W. Marsden, *History of Sumatra*, Londres, 1811, 3ᵉ édition. Il existe de
cette histoire de Sumatra une traduction française faite sur la seconde édition et publiée par Perraud en 1788, 2 vol.

B. Heyne, *Tracts on India... also an account of Sumatra*, Londres, 1814 ;
J. Anderson, *Mission to the east coast of Sumatra in 1823*, Londres, 1826 ;
J.-H. Moor, *Notices of Sumatra*, Singapore, 1837.

S. Muller, *Berigten over Sumatra*. Amsterdam, 1837.

Dutch Survey of the West Coast of Sumatra, dans le journal de la Société
royale de géographie de Londres, tome XVI, p. 305.

traversantes passées au travers deux gros pieux par des mortaises qui y sont; les maisons ne sont pas de gros bois, et sont toutes d'une façon, mais il y en a de plus grandes les unes que les autres. Le lieu où ils se tiennent est elevé de terre environ quatre pieds, et est tout sollé de petit sollage à demi rond, de trois doigts de large et lié de petites harcettes, et là dessus, aux bonnes maisons, ils mettent des nattes de jonc dessus, et ont une autre boise elevée environ de deux pieds de terre au long de la maison, surquoy ils marchent, et s'assiesent à l'entrée de la maison; et y a une coque penduë pleine d'eau en quoy ils lavent leurs pieds avant que marcher sur les dites nattes. La maison est toute ouverte par devant, et la closture est faite de roseaux fendus en trois ou en quatre, et y a environ un doigt d'espesseur entre deux roseaux, et sont tenus de harcettes, et de jour, cela est roulé et tient d'un croc en haut; de nuit, on le decroche et s'abbat jusques sur le plancher. Il n'y a autre estage en la maison que cestuy là. La closture de toute la maison est de roseaux, ou de feuilles de palmes de quoy la maison est couverte. En la tierce partie de la maison, droitement sous le faite du milieu, à une closture faite de hucherie, ils retirent tout leur bien. Au costé senextre, ils ont un petit foyer de terre portatif où ils font leur cuisine. Au dextre, ils mettent de petites ustanciles de la maison; et vous promets qu'il n'y a pas grand mesnage.

DE LA VIE DES HABITANTS DE TICOU, ET DE LEURS
MŒURS ET CONDITIONS

Ceux de Ticou sont gens à demy noirs, et ne sont point gras. Pour vestement ils ont une toile de cotton ceinte entour leurs reins, et une autre qu'ils jettent sur leurs espaules. Aucuns ont des bains de toile de coton blanche, ou perse, ou autre couleur, qui sont faits comme une chemise de sergette [1]. Les Oranchaies

---

1. « Les habitans de ceste isle sont gens de belle et grande stature, alaigres et fort disposts, assez beaux de visage pour estre noirs et autres bazanez. Ils s'efforcent de monstrer tousiours un aspect terrible et tel que avec la voix, qu'ils ont grosse et mal plaisante ils donnent frayeur à qui les oyt et regarde les voulant offenser. Et quoy qu'ils ne mangent point de pain de froment ou seigle, et que autre guere que le roy ne boive vin, si est ce que pour cela ils ne laissent de vivre fort longuement, et y font les cent et six vingts ans plus ordinaires que par deça.

« Leurs habits sont faits de fine toile, ou de grosse soye et les appellent alhauveig et les Ethiopiens alfarmala. La plus fine soye n'appartient qu'aux grands seigneurs et la nomment edanaph, les Javiens arrif, et les Arabes Alhareir et la filent avec un fuseau nommé d'eux mazel avec une autre manière d'engin, fait en façon de quenouille, qu'ils nomment amitha : et sont les femmes et filles qui font ce mestier, tandis que les hommes sont au labeur ou en guerre. Ils se couvrent iusques aux genoux, comme qui porteroit vestue une chemise assez courte, fermée environ demy pied devant l'estomach : et appellent ceste façon d'habillement Baing : et vers les genoux en bas depuis la ceinture, ils portent encore une pièce de toile de cotton, laquelle est peinte de diverses couleurs. Or ceux qui sont grands seigneurs et les plus apparents d'entre eux, portent, pour monstrer la différence d'eux d'avec le peuple, une autre pièce de toile, laquelle ils jettent sur leurs

ont de gros brasselets d'or aux bras; les manches de
leurs cris ouvrés d'or; aucuns ont la teste tocquée de
toile, aucuns ont de petits bonnets à dix ou douze carrés[1]. Quand ils sont en quelque lieu arrestez, ils s'assiesent sur leurs talons le cul à deux doigts de terre; ou
s'ils sont en leurs maisons, ils seront assis en couturiers
les pieds croisez : et leur sembloit chose bien estrange
de nous voir promener, aller, et venir, en devisant
ensemble. Ils ne sont point penibles à faire quelque
ouvrage; le plus du temps ils ne font rien. Les femmes
besoignent à filer du coton, ou à tisser des toiles
dont ils se vestent. Leur vie est bien austere; au repas
ils ont pour tous mets un petit de ris à demi cuit à
l'eau sans sel, et aucune fois un petit de poisson
menu comme le doigt seché au soleil qu'ils mangent avec : et c'est un bien grand banquet quand il

espaules, s'en ay comme nous faisons de noz manteaux ou bien s'en
ceignent sur leurs autres habillements; aucuns ont de petits bonnets de jonc
faits en poincte, et autres d'autre estoffe : lesquels ne leur couvrent que le
sommet de la teste, avec quoy ils se parent et monstrent se contenter de
leur personne estant ainsi parez à l'avantage; mais tous portent la teste rase
et la barbe aussi, sauf le dessus des levres ou ils laissent croistre quelque
fort peu de poil et moustaches. Les hommes noirs qui sont crespeluz se
fardent à la façon et maniere des Ethiopiens. » André Thevet. *Cosmographie
universelle*, fol. 421-422.

1. « Aucuns de ces Taprobaniens, en lieu de ce petit bonnet, s'enveloppent
la teste de bandelettes de lin, et en font un petit turban à la moresque.
Neantmoins la plus part des pauvres vont nudz depuis la ceinture en hault,
couvrans seulement leurs parties honteuses et cuisses jusques aux genoux,
ayans des bracelets d'or aux bras, et l'espée sur les flancs, laquelle ils
appellent en leur langue *cus* (criss) et autres *néhob*, et est longue de deux
pieds et demy, ayant le manche et poignet tout d'or, et abouré à la rus-
tique, fort subtilement, le fourreau estant de bois, fait tout d'une pièce, fort
bien agencé et d'assez grand artifice. Il n'est aucun, soit grand ou petit,

y a quelque coq haché par morceaux, roty sur le
charbon, ou bouïlly en un peu d'eau et meslé avec
le ris. Ils boivent de l'eau de puis, aucune fois du
vin de palme qui a tel goust que poiré nouveau, au
matin, quand il est nouveau cueilli à l'arbre, mais
au soir, il y a une mauvaise queuë, et aussi ils n'en
boivent gueres. Leur coucher, c'est sur le solage de
leurs maisons, une natte de jonc sous eux, et me
semble qu'en la plus austere religion de notre pays
on ne vit point de plus rude ni si austere vie, que
font les Ticounins. Ils ne sont point forts, mais ils
sont fins et astucieux, grands flatteurs, grands men-
teurs et moqueurs; parmi fort marauts, toujours
demandans; qui eust voulu obtemperer à leur re-
queste, nous n'avions point marchandise pour y
fournir. En marchandise, ils sont grands bargui-
gneux plus que Escossois ou Houivests. Car, après
marché fait, ils veulent rabatre du prix, ou bien se
dedisent; et n'est si sage qui aucune fois n'en fut
courroucé contre eux; mais nous le portions plus

marié ou de quelque estat qu'il vouldra, qui sorte de sa maison sans avoir
l'espée ceinte. Ils usent outre de l'espée ainsi courte, d'arcs, flesches et iave-
lines, qui ont le fer plus long et plus estroit que celles desquelles nous usons,
d'un bois fort dur et pesant. Ils se couvrent en guerre de targues et rondelles, faites de cuir d'elephant ou buffles, espais d'un doigt ou environ,
couvertes de peaux de poisson, de serpent ou de quelqu'autre animal sauvage. Ils ont des arcs fort petis, et usent de sarbatannes, dans lesquelles ils
mettent de petits traits, bien ferrez et fort pointuz, desquels ils blecent leurs
ennemis et bien peu d'entre eux en rechappent, pour estre la plus grand
part envenimez. » André Thevet, *Cosmographie universelle*. Paris, 1575, in-8,
tome I, livre XII, p. 422 r.

patiemment, pour ce que nous voyons bien que
c'estoit la coutume du pays, car le roy et les plus
grands estoient tous faits en ce moule; et outre plus,
nous fusmes advertis par aucuns marchands du Priame,
qu'ils leur avoient deffendu d'achepter de nos marchandises sur peine d'avoir le chef tranché; et
d'autres marchands hors advis disoient qu'ils n'osoient
achepter, si le Chabandaire n'en faisoit le premier le
prix, lequel vouloit que nous donnassions la marchandise à vil prix : parquoy nos capitaines l'eurent
en haine. Et partismes de Ticou le xxviie jour de
novembre, et plusieurs de nos gens furent pris de
fievres chaudes et aiguës, et estimois que c'estoit des
mauvaises eaux que nous avions beuës à terre; car
de tous ceux qui se tinrent à terre, n'en rechapa
qu'un ou deux, que tout ne fut malade, fut de fievre,
chaud mal, ou flux; et en mourut une grande partie, et pour le premier, nostre chef et capitaine Jean
Parmentier commença la danse, et trespassa de ce
siecle la vigile sainte Barbe troisiesme jour de decembre, et huit jours après que la fievre l'avoit pris[1].

1. Le capitaine Walter Peyton qui aborda à Ticou, en 1614, nous apprend
que les habitants de cette ville étaient la proie d'horribles maladies et il les
attribue, comme l'auteur de notre relation, à la mauvaise qualité des eaux.
« Un grand nombre des indigènes que j'ai observés sont affligés de maladies contagieuses. Les membres de quelques-uns d'entre eux semblent
tomber en pourriture ; d'autres ont au cou d'énormes goitres de la grosseur
d'un pain de quatre pence. Ils attribuent ces infirmités à la mauvaise qualité de l'eau. Ils sont très ignorants et ne savent pas traiter leurs maladies.
Les habitants de Ticou sont vils, rusés et voleurs. Ils recherchent le gain à

Ses obseques furent faites ce dit jour en l'isle au mieux que nous sceumes faire. Et ce mesme jour, levasmes les ancres de devant Ticou, et allasmes chercher notre bonne aventure au long de la coste à la bande du su.

Le lundy ensuivant, sixiesme jour de decembre trespassa Noël Chandelier, et Nicole Bouvet de la mesme maladie, et le petit Nicolas Gilles trespassa le mercredy huitiesme jour de decembre. De jour en jour, faisions un peu de chemin au long de la coste, ancrant tous les jours, et envoyant bateaux à terre pour trouver port à charger et pour avoir des eaux. Environ sous deux degrez, trouvasmes gens qui nous dirent que nous trouverions du poivre à Andripour à demi journée plus au suest, et eusmes un jeune homme de la terre pour nous y mener; mais ceux d'Andripour ou de Indapour eurent peur de nous et dirent que c'estoit plus outre. Mᶜ Raoul trespassa, parquoy nous passasmes outre jusques à deux degrez et demy, et trouvasmes une riviere d'Indapour,

---

tout prix, par la fraude, et quand ils l'osent par la force. Ils présentent des comptes faux et se servent de faux poids. Ils essayèrent d'empoisonner ma nourriture et mes boissons en les préparant et ils tuèrent mes chevaux avec leurs criss. » *The second voyage of captain Walter Peyton into the East Indies in the expedition which was set forth by the East India Company, together with the Dragon, Lyon, and Pepper Corne in January 1614, gathered out of his large Journal.* Dans le quatrième volume du recueil de voyages de Purchas. Londres, 1625, page 532.

Les assertions du capitaine W. Peyton peuvent faire supposer que Jean Parmentier et son frère ont été empoisonnés pendant leur séjour à Ticou.

et l'entrée est nommée Selagan [1], et la ville est avant sus la terre, nous y arrivasmes le vingt-troisiesme jour de décembre surveille de Noël [2] ; et fut Jean Mochin à terre, et luy dirent que nous aurions du poivre assez ; parquoy nous nous y arrestasmes et ancrasmes près de terre, pour faire notre cas.

Le jour de Noël et le dimanche, nous y retournasmes pour parler à leur seigneur nommé Sangue de Pacy, car ils nous avoient dit que ès dit jour il viendroit parler à nous, et qu'il ne fit point. Et le lundy, de rechef, nous y retournasmes pour avoir des eaux et des vivres : mais ils s'enfuirent devant nous, nous craignans plus que le premier jour, parquoy voyant que nous les avions toujours traitez amoureusement, nous estimions que la crainte leur venoit à cause des menteries qu'ils nous avoient faites, et apercusmes bien qu'il estoit impossible de faire marchandise avec eux ; parquoy fut conclu de regarder qu'il estoit bon de faire. Aucuns disoient qu'il falloit aller en Jave, d'autres disoient qu'il s'en valloit mieux

---

1. Selagan est le nom de la rivière sur le bord de laquelle est située, à quelque distance dans l'intérieur des terres, la ville d'Indrapoura. Une ville appelée Mokomoko s'élève à l'embouchure de la rivière.

2. Le nom d'Indrapour (la ville d'Indra) désigne à la fois le district et la rivière sur les bords de laquelle s'élève la ville. La rivière d'Indrapour, qui prend sa source dans les montagnes de Karinchi, est la plus considérable de toutes celles qui arrosent la côte occidentale de Sumatra : elle est navigable pour de petits navires. Indrapour était autrefois le centre d'un grand commerce de poivre ; on y apportait de l'or de l'intérieur de l'île. Les Anglais y établirent une factorerie en 1684, mais cet établissement n'eut jamais d'importance.

retourner à Andripour, ou en Priame[1] et qu'on y
vendroit nos marchandises, et qu'on y trouveroit du
poivre; d'autres disoient qu'il s'en falloit retourner
au païs, à cause des morts et malades des deux navires, et aussi de nos victuailles qui estoient fort empirées; parquoy ceux du Sacre et de la Pensée conclurent ensemble d'avoir les avis de la communauté des
deux navires : sçavoir lequel leur sembloit le meilleur de passer et aller en Jave, ou de s'en retourner
au païs.

Le vingt-huictiesme jour de decembre, furent
envoyez au Sacre Guillaume Sapin contre maistre de
la Pensée, Jean le Roux, et moy, pour ouïr et voir
enregistrer la deliberation du Sacre, lesquels après
plusieurs belles remontrances à eux faites par
M° Pierre Maucler et le maistre du Sacre des fortunes
et inconveniens à eux avenus, comme d'avoir perdu
leurs capitaines, deux contre maistres, plusieurs bons
compagnons, leur grand bateau, et encore plusieurs
malades en leur bord en danger de mort, les victuailles empirées, et grand nombre de boissons
coulées, et puis la muaison du temps qui aprochoit, où
il faudroit estre sept ou huit mois davantage, si l'on

1. « Priaman est un district de la résidence de Padang sur la côte sud de
Sumatra. Sa population s'élève aujourd'hui à cinquante mille âmes. Les
maisons de la petite ville de Priaman, située à l'embouchure de la rivière
de ce nom, sont presque toutes construites en bambou; celles des Arabes
et des Chinois sont en bois. Les Hollandais construisirent en 1712 un fort
auquel ils donnèrent le nom de Vredenburg. » Veth, *Woordenboek van Neder-
andsch Indie*, tome II, page 843.

attendoit qu'elle fust venuë; surquoy il y en eut treize
ou quatorze qui dirent qu'ils s'en vouloient retourner
en France, et neuf ou dix dirent qu'ils s'en vouloient
aller en Jave. Aucuns dirent qu'ils feroient tout ce
qu'il plairoit au maistre leur commander, et mais
qu'ils eussent des victuailles qu'on les menast où l'on
voudroit.

Ce mesme jour après disner, le maistre du Sacre,
et Me Pierre Maucler, Antoine de la Sarde vinrent à la
Pensée pour avoir deliberation de tous nos gens;
mais n'en fut trouvé que deux ou trois qui ne fussent
tous deliberez d'aller où l'on voudroit; mais qu'ils
eussent des victuailles pour les nourrir; parquoy fut
dit qu'on leveroit l'ancre pour aller chercher lieu à
visiter les victuailles, et retournasmes vers Indapour.

Le jeudy vingt-neuviesme jour dudit mois, Jean
Masson fut à terre au port d'Andripour, où ceux de
ce lieu leur dirent qu'ils portassent eschantillons de
leurs marchandises à terre, et qu'ils avoient de l'or
pour achepter et non point de poivre.

Le penultiesme jour de decembre, nous leur por-
tasmes eschantillon de toutes nos marchandises, et
firent marché d'une piece de drap; mais ils nous
dirent qu'ils ne l'oseroient achepter tant qu'ils eussent congé du Roy, et que nous luy eussions fait un
present et au Chabandaire. Et on leur dit, mais que
les prix fussent faits, et que nous eussions delivré de
nos marchandises, que nous leur ferions un present
honneste et dont ils n'auroient cause d'eux plaindre.

De nos toiles, ils en vouloient avoir huit pour un facel [1], un bougran pour deux coupans.

Le dimanche quatorziesme jour de novembre, le maistre et moy fusmes voir le capitaine à terre et me tins avec luy le demeurant de la semaine. En ces jours, vinrent plusieurs voir et barguigner nos marchandises, mais on ne leur pouvoit rien vendre. Toutefois, vers la fin de la semaine, l'on vendit un peu de coins de fer, et des miroirs, et quelque quantité de patenostres de verre et d'os teints en rouge, en troque de victuailles.

En cette semaine, nous fut dit qu'il y avoit un homme en la ville, vieil et ancien Oranchaie, nommé Mocodon, qui avoit predit notre venuë à plusieurs de la ville deux mois devant que nous arrivasmes là; et leur disoit que de bien loin il viendroit deux jonques de gens de bien et serviteurs d'un grand Roy, gens blancs, pour faire marchandise avec eux; ce que ne voulions croire. Parquoy, cependant qu'estions là, fusmes voir ledit Mochodon, et luy fismes demander par Antoine le truchement du Sacre, si ce qu'on nous avoit dit estoit vray, mais il dit que ouy; et il luy demanda comment il le sçavoit; et luy respondit qu'il l'avoit veu de nuit au ciel; et nous luy fismes demander, s'il estoit astrologue, et s'il connoissoit les mouvemens des cieux; et il dit que non, mais que ce sont visions qui de nuit s'aparoissent ainsi

---

1. Au lieu de facel, il faut probablement lire taël. Le coupan est une petite monnaie de cuivre dont la valeur varie suivant les localités.

devant luy; outre, il luy fut demandé s'il sçavoit bien
que nous irions jusques en Jave, Moluques ou
Bendam, et si nous y ferions notre charge, et il respondit qu'il n'en sçavoit rien, mais que, dedans deux
ou trois jours, il nous le sçauroit à dire. Et le jour
que nous partismes, il dit au dit Antoine en ma pre-
sence qu'il avoit regardé à cela, et qu'il allast parler à
luy en sa maison, et qu'il luy diroit ce qu'il avoit
trouvé. Mais nous eusmes tans d'empeschemens que
nous n'y sceusmes aller, et conclurent de nous rendre
response dans deux jours.

Le premier jour de l'an, le bateau du Sacre et le
nostre furent à terre pour avoir des victuailles, car
nous en avions mestier; car nous ne mangions que
du ris, et ne buvions que de l'eau pour espargner nos
victuailles. Depuis ce jour jusques au dix-huitiesme
jour de janvier, nous continuasmes à faire marchandise avec eux, et leur vendismes du rouge de Paris,
de la toile, et des bougrans, des miroirs, et des patenostres, pour de l'or, du ris, et du miel, avec des
coqs et des poules pour vivre, et ne sceumes avoir
du poivre que deux bahars[1] pour le Sacre et pour

---

1. « Bahar ou bahara est le nom d'un poids qui varie selon les lieux et les
choses que l'on pèse. Dans beaucoup d'endroits, le bahar de clous de gi-
rofle est de 550 livres, celui de muscades est de 57 livres, tandis que celui de
poivre serait seulement de trois pikul ou 375 livres. » M. l'abbé Favre,
Dictionnaire malais-français. Paris, 1875, tome I, page 181, au mot *Bahara.*

« Le Bahar de poivre qui est de trois cent soixante livres, peut valoir trois
escus et demy ou quatre au plus fort : ce qui peut revenir à un Luca-
tan ou cinquante-cinq sols le quintal. » V. Leblanc, *Voyages,* pages 138.

nous, et pour ce que la saison se passoit, vivres
nous defailloient, nos gens se mouroient ; quatre de
nos gens furent noyez à la barre d'Indapour, le dix
huitiesme jour de janvier. Pour ces raisons et plusieurs
aultres, le samedy vingt-deuxiesme jour de janvier,
nous deradasmes, et fismes voile au ouest surouest
pour retourner en nostre pays.

NAVIGATION DE JEAN PARMENTIER

SECOND VOLUME

MÉMOIRE

DE CE QUI EST CONTENU EN L'ISLE DE SAINT-DOMINIGO

A SÇAVOIR :

Longitude et latitude de la dite isle, et la longueur et largeur et circonference d'icelle. Les ports, ponts, et passages.

Les rivieres, rades, aprochemens, pointes, costes et battures.

Les villes, villages, chasteaux, tours, maisons, grottes et habitations.

Les monts, vallées, campagnes, prairies, bois, rochers, mines, sortes et diversitez d'hommes, tant sauvages, Indiens, Espagnols, François, qu'autres estans en la dite isle, avec la façon des trafics, sorties et entrées des marchandises et diversité d'icelles, l'abondance et penurie de ce qui y est, des fruits, grains, bleds, sucres, cottons, casses, et autres choses qui y croissent; la façon des eglises et administrateurs d'icelles, les justices, justiciers, et executions.

PREMIEREMENT la dite isle contient de longitude prenant à la pointe du Cau d'Ingagne qui est la pointe de la partie d'est, jusques au cap de Teboron qui est la partie du costé d'ouest, contient cent septante lieües, et de largeur contient cinquante lieües de nord à sus.

Entrant en ladite isle de St Dominigo du costé de l'est, il y a une isle qui s'apelle la Savonne, isle rase de sable, qui n'a point d'arbre, ni fruit. La dite isle est posée auprès de la dite pointe, sans avoir aucun passage pour entrer en terre ferme, et y a bon mouïller l'ancre du costé d'ouest, à neuf et à dix brasses.

La terre ferme plus prochaine de la dite isle est du costé de suest; ne donne aucun fruit, et n'y a sinon arbres, forests, sangliers, oiseaux, rochers, et battures le long de la dite coste.

Le long de la dite coste à cinq lieües de là, y a une autre isle nommée Sainte Catherine, qui est à vingt cinq lieües de St Dominigo du costé de l'est, à une lieüe de terre ferme, petite isle de rochers et battures, sans proffit.

La dite terre ferme depuis le premier cap est tout ainsi sans fruit, sinon d'arbres, sangliers, oiseaux, roches, battures, jusques à la dite ville de St Dominigo, et venant le long de la dite isle, pour avertissement de l'entrée de la riviere de St Dominigo, y a une tour blanche, haute comme d'un moulin, faite seulement pour avertissement, qu'on ne la peut voir, sinon quand on est à l'entrée de la barre du costé de l'est. La dite riviere est faite à la bouche en maniere d'une grande baye ; et depuis l'entrée de la dite riviere, jusques à la dite ville, il y a une grande portée de canon. La dite barre contient cinq brasses de fond à toute basse mer, et les navires, pour aller à la dite ville, faut tirer au cable pour la grande force de l'eau qui descend de la dite isle. Dans la dite riviere sont certains poissons furieux nommez Tibourons, si dangereux, que si subitement qu'il tombe quelqu'un dedans, il est devoré par les dits poissons, et n'y a remede de les secourir, comme il se voit par experience tous les jours.

La dite ville de St Dominigo est située du costé d'ouest sur la dite riviere, prenant la dite riviere et de la mer fait en vaye. De l'autre costé de la dite riviere est situé un engin de faire sucre, avec une maison faite en façon d'eglise. Sur la dite riviere est une grande barque pour passer de costé à autre ; et les navires sont au milieu de la dite riviere, devant la dite ville, attachez, un ancre dans la dite riviere, et un cable à la ville.

La maniere de la dite ville est faite sans murailles, sinon du costé de la mer, qu'elle est posée sur une roche, avec une grande forteresse à l'entrée, faite de petites tours basses, forte et imprenable, qui est toute la force de la dite ville. Dedans la terre n'y a point de murailles, sinon d'arborettes sauvages, sans point de proffit : du costé de la riviere, à l'entrée de la ville, du costé de la terre y a l'eglise qu'on apelle Ste Barbe, là où l'on enterre tous les mariniers,

quand ils meurent sur les navires, et cette eglise est
au bout de la ruë principale; et de l'autre bout de la
ruë, du costé de la mer, est posée la grande eglise de
la dite ville ; et au milieu de la dite grande ruë, est
la place où l'on vend toutes choses, et s'y font les
fetes, dances, jeux, et tous festins d'esclaves. De
l'autre costé de la terre, croisant la dite ville, est
le monastere de St François. De cette ville, il y a
traittes par tous les lieux contenus dans le dit pays
que vous voudrez aller; et cette dite ville est abondante en cuirs, sucres, casses, avec force arbres
d'oranges, limons, citrons, tous melez par dedans
les arbres et les forests de la dite isle.

Sortant de la dite ville, pour tirer du long de la
coste, tirant à ouest, il est batture tout du long de la
coste, jusques au port d'Ancone ; le dit port est à
quatorze lieües de la dite ville du costé d'ouest, et y
a bon mouiller l'ancre tout le long de cette terre,
sans aucun danger, sinon de ce que vous voyez; et
y a bon rafraichissement. Tous les navires et flotes
qui viennent se vont rafraichir là d'eau, de bois, et
de victuailles.

En cette dite vaye, il y a un engin de sucre apar-
tenant à un qui se dit Jouan Cavalier. Le dit engin
de sucre donne quantité de sucre, et y a grande prairies par la terre, avec grande quantité de vaches
sauvages, chevaux, chiens sauvages, et font grande
quantité de cuirs tous les ans, tirant les cuirs tant
seulement, et laissent la chair manger aux chiens, et
y a force arbres.

Et à dix lieües de là, à sept ou huit lieües du bout de la mer, y a une haute montagne apellée la Mine, pour ce que c'est vraye mine d'or ; et y a grande quantité d'or, mais ne veulent point amuser à le tirer, pour ce qu'il y a de proffit aux fruits de la terre. La dite montagne se voit de bien loin venant de la mer du costé du sus.

Partant de cette dite vaye, pour aller le long de la dite coste, tirant à ouest, il y a une grande montagne du long de la dite coste qu'on apelle les Pedrenas ; la dite montagne est toute chargée de forests, et arbres, et est mauvaise acoste, fort dangereuse pour les navires, toutes battures contenant dix lieües que vous trouverez une grande riviere, qu'il y a un petit village dedans qu'on apelle Hassoa. Il y a quatre engins de sucre le long de la dite riviere, qui donnent grande quantité de sucre, qu'on porte à St Dominigo pour porter en Espagne, avec grande quantité de cuirs. La dite riviere n'est que pour petits bateaux.

Sortant de la dite riviere pour aller plus outre du costé d'ouest, il faut mettre le cap du navire au sus susouest, pour monter la Isola de la Beata. La dite Isola de la Beata est une isle rase, sans point d'arbres, ni montagnes, tant seulement un petit haut, comme une seule maison, tout de rochers et dangereux pays, est à une lieüe de terre ferme, et y a passage pour homme qui sçait le pays pour un petit navire.

A une lieüe de la dite isle du costé de sus, il y a trois ou quatre farraillons l'un auprès de l'autre,

rochers de la hauteur d'une maison, et peut on
passer tout auprés sans aucun danger. Les uns sont
nommez Hattobelle; les autres, les Frailes. De là
tirant au nord, venez à entrer en une grande
vaye, qui est toute de sable, sans point de battures; par les prairies en suivant la coste, vous
trouverez un port qu'on apelle Jacquimo. Le dit
port est au milieu des montagnes, qui portent de
grandes forests. Il y a bon port pour tous navires,
et à l'entrée du port, il y a des battures du costé de
l'est, et se faut prendre garde pour entrer dans le
dit port; et quand vous estes à l'entrée du port, vous
voyez un chasteau vieil deffait qui estoit une forteresse au temps passé. Il faut aller mouïller l'ancre
au beau prés de la dite forteresse, et les battures
vous demeurent du costé de la mer. En ce dit port,
il y a trois ou quatre maisons, là où il se tient ordinairement quatres ou cinq negres, avec force chevaux et force chiens pour s'en servir. Il y a de
grandes prairies parmi les valons, là où il y a grande
quantité de vaches sauvages, et chevaux et chiens
sauvages; là où ils font grande quantité de cuirs. Et
la maniere que l'on tuë les dites vaches, pour avoir
les cuirs : les noirs sont sur chevaux, et en main
portent une façon de lance, et au bout, au lieu de
fer pointu, y a un croissant taillant, pour couper les
jarrets des vaches, qui demeurent là estropiées, et
aprés les escorchent pour avoir le cuir, et laissent
manger la chair aux chiens sauvages et privez. Il se
levent du matin pour surprendre les vaches, qui

venant le jour, se retirent dans les forests, craignant les chasseurs; et les François y viennent ordinairement trafiquer. Toute cette dite coste jusques à la Savane, qu'il y a quarante cinq lieües, toute coste d'est ouest; il n'y a point d'habitation, toutes montagnes, forests, grande quantité d'arbres de palmes, avec force bestail sauvage, chevaux, chiens, sangliers, vaches, parmi les dites forests et montagnes.

Et le long de la coste, entrant en la dite Savane, il y a du costé de l'est cinq ou six isles blanches, et ont pour nom Isles Blanches, pour ce qu'elles sont blanches; et à deux ou trois lieües plus avant, il y a une isle rase pleine d'arborelles, avec force vaches privées, qui ont esté mises par les Espagnols, et s'apelle la dite isle Deybacques, et est fort dangereuse du costé du sus, avec force battures.

Entre la dite isle et la terre ferme, il y a bon passage pour tous navires, pour aller à la Savane.

Par dedans la dite isle, il y a bon mouiller l'ancre, à sçavoir entre la terre ferme et la dite isle; et la Savane demeure au fond de la dite baye.

En la dite baye, y a grandes prairies où y a grande quantité de vaches, chevaux et chiens, et y font grande quantité de cuirs, et grand traffic pour les François, grande quantité de palmes, orangers, et autres. Il y a six ou sept maisons de negres pour le mesme fait des cuirs.

Tirant de la dite Savane jusques au cap Tiboron, il y vingt lieües toutes battures et montagnes les plus hautes qui soient en toute l'isle, sans point de proffit, maisons, ni rien qui soit avec ses prairies comme devant.

Et du cap de Tebouron jusques à la pointe de Done Marie, il y a douze lieües tirant au nord ouest; et en la dite pointe de Done Marie, il y a bon mouïller l'ancre, et riviere pour se rafraichir, avec grande quantité de prairies, arbres, palmes, orangers, comme devant est dit.

De là, tirant à l'est du costé de sus, il y a depuis la pointe de Done Marie jusques à une petite isle, nommée le Reimito, il y a dix lieües. Entre la dite pointe de Done Marie sont toutes battures dans l'eau, avec montagnes en terre ferme, forests, bestes sauvages.

Auprès du dit Reimito, dedans la terre ferme y a une montagne haute qu'on apelle la montagne Done Marie.

Du Reimito tirant à l'est, y a une montagne qu'on apelle Miragavana; devant que d'entrer à Yaguana, jusques à la Yaguana y a quinze lieües de forests et montagnes, sans aucunes habitations, sinon auprès de la dite Yaguana. A cinq lieües du costé d'ouest il y a un port qu'on apelle Aguana, que ce sont les maisons des particuliers de la ville de Yaguana et y a grande quantité de maisons de negres qui se tiennent là ordinairement pour le labourage, chacun en leur maison.

LA MANIERE COMME L'ON FAIT POUR AVOIR DU PAIN DE CE PAYS.

Il ont de petits assadons, qu'ils font en grande quantité de molons de terre de la hauteur de trois pieds et de quatre pas d'homme de rondeur.

Depuis, l'on prend de petits trots de bastons, et l'on les plante dans le dit molon de terre, de quoy il en sort le pain que l'on mange. Car ces dits bastons, quand il ont demeuré un an dans la terre, ils jettent de grandes racines, comme la jambe d'un homme, et d'autres petites en maniere de naveaux; et au bout de l'année, l'on les arrache et prend les racines qui sont dans terre grosses et petites, et jettent là les branches pour les replanter pour une autre fois : et prennent les dites racines et les raclent bien avec cousteaux pour en oster l'ordure de la terre, et puis on les gratuse sur une table faite expres en maniere de gratuse; après cela estre bien gratusé et tourné en paste, l'on prend la dite paste, et la met on dedans des cabats, comme on fait aux olives, ni plus ni moins, comme l'on tire l'huile, pour luy faire rendre cette mauvaise eau, et après avoir rendu l'eau, on prend la farine qui est purgée de l'eau; on fait secher cela sur un fourneau fait expressement plat de dessus, pour estendre la dite paste, laquelle estant un peu seche, l'on la fait secher au soleil, et de cela en vivent.

Ils ont aussi grande quantité de bleds de ce pays là qu'on apelle Maiz, qui a un gros grain blanc, en façon de roseau.

Et de là jusques à la Yaguana y a cinq lieües toutes battures, avec montagnes hautes, pleines d'arbres et prairies, palmes, vaches, chevaux, chiens, sangliers, comme dessus.

La dite Yaguana est une terre basse, rase comme la mer, avec grandes prairies, et grande multitude de palmes, et autres manieres d'arbres fruitiers qu'on apelle Gouyaux, de la grosseur d'un limon, et de la couleur jaune.

La dite ville de la Yaguana, est hors de tous arbres, à une lieüe de la mer, au milieu d'une grande prairie, avec grande quantité d'arbres, qui portent la cassia que les Espagnols apellent *Canna fistola*.

Les maisons de la dite ville sont toutes couvertes de feuïlles de cannes, et closes à l'entour avec des cannes et des pieds de bois plantez tout de bout pieces que l'une touche l'autre. Les maisons sont rares, loin l'une de l'autre, faites en maniere de tentes; belles femmes Espagnoles, et force negres parmi eux, avec acoutremens de toile qu'on leur a acoutumé faire porter.

Tirant plus outre, il y a un grand cul de sac qu'on apelle le golphe de Saragoa, et dans le dit golphe est tout terre basse, rase, avec maisons, vacheries qui font cuirs, vaches, chiens, chevaux privez et sauvages.

Et en retournant vers le cap Saint Nicolas, il y a montagnes, grande quantité de labourage de la maniere que cy dessus le long de la mer que l'on apelle Halcahai.

Et sortant de Cahai jusques à Saint Nicolas, il y a tout du long de la coste dix huit lieües, toutes montagnes et terres basses, avec bois, forests, vacheries, sinon à Tibonicque, où l'on fait des cuirs de la maniere que dessus.

Sortant de la Tibonicque, tirant au cap Saint Nicolas, y a une saline qu'on apelle le Coribon qui pourvoit la ville de sel, et n'y a autre chose jusques au cap Saint Nicolas, que montagnes, bois et prairies, vaches, chevaux et chiens, comme dessus a esté dit, sans point d'habitation.

Au devant de la Eguana, six lieües en la mer, il y a une isle qu'on apelle le Gravano, qui contient seize lieües de longueur, et trois ou quatre lieües de largeur, bien dangeureuse de battures tout à l'entour et demeure inutile, et sans point de proffit, ains toute de rochers.

Et le cap de Saint Nicolas fait la pointe de la dite isle : y a trente six lieües partie du nord ouest; le cap de Saint Nicolas est une montagne haute, et y a un port du costé du norouest du dit cap, dans lequel port y a une fontaine qui sort des montagnes en maniere d'une petite riviere, où l'on se peut rafraischir, et prendre de l'eau pour les navires, et n'y a point d'habitation, et est bon port pour grands et petits navires, et à l'entrée du dit port du costé du su, il y a des battures, dont se faut prendre garde, pour entrer dans le dit port.

Et du dit port de Saint Nicolas jusques à Porto Real, qui est à trente six lieües de là tirant à l'est, n'y a point d'habitations; car sont toutes montagnes, forests, arbres, rochers, le long de la mer, jusques à l'entrée du dit Porto Real, et l'entrée du dit Porto Real, est aussi toute batture, dangeureux et meschant port. Ce Porto Real est un petit village, maisons couvertes de paille comme les autres, où se chargent grande quantité de cuirs qu'on aporte de la montagne.

Entre Porto Real et Porto de Plata, à dix lieües de Porto Real, y a un petit village apellé Monte Christo.

Du dit Porto Real, tirant à l'est jusques à Porto de Plata, y a trente lieües, tout de montagnes, forests, rochers, battures, jusques au dit Porto de Plata.

Le dit Porto de Plata est un port de grand traffic, là où l'on charge grande quantité de cuirs, et de sucre, que les Espagnols emportent : il est large et dangereux pour le vent du nord.

Au dedans du port, il y a une forteresse, pour deffense de la dite ville.

En la dite ville y a assez abondance de vivres et bleds, comme et en façon que cy-devant a esté dit, avec des plaines et vacheries, avec un engin de sucre.

Et suivant la coste jusques au Cau de Cabron, y a vingt cinq lieües depuis le dit port de Palema jusques à ce dit Cau, toutes montagnes et rochers, forests inutiles, comme devant a esté dit.

Et depuis le cap de Cabron, jusques au fond de l'isle Samana, où il y a une isle habitée de negres sauvages qui ont fuy pour ne vouloir servir les Espagnols. Les dits sauvages sont habituez en cette isle avec leurs femmes et enfans, qui ont multiplié et multiplient toujours, et vont tous nuds, comme bestes, sinon un petit drapeau devant eux aux parties honteuses, et se deffendent avec leurs arcs et fleches; de sorte que les Espagnols n'y peuvent entrer, avec leurs maisons parmi les arbres en maniere d'animaux.

Sortant de la dite baye, pour retourner le costé du sus de la dite isle, pour venir joindre avec la pointe d'Ingaigne, qui contient vingt cinq lieües de coste, rochers, montagnes et dangereux pays.

Et est tout ce qui est à l'entour de la dite isle, au rivage de la mer : parquoy prenant et commençant de la pointe du costé de l'est, nommé le cap d'Ingaigne, faisant son long en tout tirant à l'ouest, et retournant du costé du nord, se venant autrefois joindre avec le dit Cau.

De la pointe d'Ingaigne, jusques à Saint Dominigo par le costé du su, quarante lieües.

De St Dominigo, jusques au port d'Anconne du costé du su, quatorze lieües.

Du port d'Anconna, jusques à la riviere de Hassoa, où sont les engins à sucre,   dix lieües.

De Hassoa, jusques à la Beata du costé du sus,
                                           douze lieües.

De la Beata, jusques ès Frailes, qui sont trois
isles,   dix lieües.

Et de la dite Beata, jusques au cap Tiboron
la pointe plus à l'ouest, du costé de la dite isle,
                                      cinquante lieües.

De la pointe de Tiboron, jusques à la pointe de
Done Marie tirant au nord est,   dix lieües.

De la dite pointe de Done Marie, jusques à la
Eguagna d'est ouest, du costé du nord du cap de
Tiboron,   quarante cinq lieües.

De la dite Eguagna, jusques au cap de St Nicolas,
de nord et su, qui est le Cau plus à l'ouest du costé
du nord de la dite isle.   vingt cinq lieües

Du cap de St Nicolas, jusques au Cau de Cabron, d'est ouest, du costé du nord de la dite isle,
                                      octante cinq lieües.

Du Cau de Cabron jusques au Cau d'Ingaigna, de
nord ouest, et surouest, du costé de nord est de la
dite isle,   cinquante cinq lieües.

Dedans l'isle en allant de St Dominigo, à Porto de
Plata, il y a un village apellé Sant Iago della Vega,
qui est à trente lieües de San Domingo, lequel
village donne grande quantité de cuirs, sucre, cassia,
qu'ils portent à St Domingo : et ce village est situé
en grandes planures, prairies, vacheries, maisons,
mais couvertes de paille, engins à sucre, avec ses
cannes douces.

Tout le circuit de l'isle de St Domingo est de 356 lieües, suivant ce que dessus.

DE CE QUI S'ENSUIT DEPUIS LA RIVIERE GRANDE
JUSQUES A VERAGUA

Et premierement : La Riviere grande est une grande riviere sortant de la terre ferme qui descend du Novo Reyno que nomment les Espagnols, qui vient à sortir à vingt cinq lieües de Carthagena du costé du nord est à hauteur d'unze degrez et demy ; la bouche de la dite riviere fait une grande ouverture là où il y a une isle au milieu de l'entrée qui depart la riviere en deux. C'est un dangereux passage, et les navigans se contregardent fort, à cause de la grande force de la riviere qui repousse en la mer, qu'on y prend quelquefois de l'eau douce à deux lieües. La dite riviere a les spondes toutes de terre basse, et n'y a point de connoissance, si ce n'est du costé de l'est une montagne qu'on apelle les Serres Nevades, qui sont à douze lieües, et quand un navire se trouve à l'endroit de la dite montagne, et la nuit le surprend, il est contraint d'amener ou oster les voiles, attendant le jour du lendemain, craignant la dite riviere. Dans la dite riviere il y a traffic de brigantins qui viennent de Carthagena, chargez de marchandises, de mesme qu'elles viennent d'Espagne,

pour porter au Nuevo Reyno; l'on porte les dites
marchandises jusques à quatorze lieües le long de
la riviere, jusques à des maisons qui sont faites pour
recevoir les dites marchandises qu'aportent les dits
brigantins, et de là les tournent à charger dessus
des *Caura*, barques d'Indiens qui sont tout d'une
piece de bois; les dites *Caura* sont faites d'une piece
d'un arbre qu'on apelle *Sego*, qui est un arbre qui
ne sort point de branches du long de la jambe,
sinon à la cime, de merveilleuse grosseur et grandeur, et les feuïlles petites à mode d'amandiers, et
bois fort leger, et ne se fend point, parce qu'il est
quasi comme liege; et le long de la dite riviere n'y
a sinon arbres. Lesdits bateaux peuvent porter huit
ou neuf pipes. Tirant du costé du surouest, tirant à
Carthagena, à quatre lieües de là, il y a un petit
port qui s'apelle Moro Ermoso, et de Moro Ermoso
tirant au surouest, à dix lieües de là, y a une grande
baye qu'on apelle la baye de Zamba, qui va bien à
trois lieües tournant à l'est, qui se vient quasi à
rencontrer avec ladite riviere. Au fond de la dite
baye y a un petit village, là où ils nourissent beaucoup
de pourceaux et volailles, comme poules et cha-
pons, comme les nostres, et y recueille force mil
comme celuy d'Espagne, qu'on charge sur les brigantins, avec des pourceaux, pour porter au Nombre
de Dieu au temps que l'armée d'Espagne y est; et
en la terre y a un petit village d'Indiens. Sur le
bord de la dite baye du costé de la terre ferme, à l'entour de la mer, sont toutes plaines sans arbres, et à

une lieüe de la mer, il y a une montagne qu'on apelle la Galere de Zamba, pour ce qu'elle est haute d'un costé et basse de l'autre, on luy a mis nom la Galere ; tirant toujours au sudouest prenant de la dite pointe de Zamba jusques à la pointe de la Caura qui est à dix lieües de là, tirant à Carthagena, le long de la coste, il y a tout dangereux le long des dites huit lieües : il y a isles de sable, qu'on apelle islcs d'Arenes, et la terre les couvre toutes. En la terre ferme y sont de petites montagnettes non guere hautes, il y a quelques maisons en la dite terre ferme là où il y a des Indiens en d'aucunes, et une autre maison seule là où il n'y a que des negres qui travaillent là à semer du mil et à faire de la cassade, qui est leur pain fait de racines ; nourrissent pourceaux et volailles, puis l'on charge cela dans un petit bateau pour porter à la ville de Carthagena, à la maison du Seigneur : la dite maison s'apelle Taroge. Et aux dites montagnes n'y a qu'arbres sauvages sans proffit, ni prairies aucunes, mauvais pays. Et de là tirant toujours au sudouest à quatre lieües de là est la pointe de la Caura ; on l'apelle la pointe de la Caura, par ce qu'il y a une pierre en la mer, à une bonne lieüe, qui ressemble à une des dites Caura, barques d'Indiens. La dite pointe est de terre rouge ; il y a bon mouïller l'ancre pour grands et petits navires. Passé que vous avez la dite pointe, vous pouvez aller jusques à Carthagena, qui est à cinq lieües de là du costé du sudouest, sans point de danger ; vous allez partant de fond que vous

voulez, avec le plomb à la main, et pouvez aller en
terre et en mer tant que vous voudrez. Depuis la
dite pointe de la Caura jusques à Carthagena, il est
toute plage; il n'y a point d'habitation dans la terre.
Il y a un estang depuis la dite pointe qui vient respondre à la dite ville de Carthagena; il n'y a point de
montagne, qu'on puisse dire parfaitement sont
montagnes, sinon de petites montagnettes sans
proffit, meschans arbres, jusques à ce que vous estes à
la ville de Carthagena. Il y a une petite montagne
qui est au dessus de Carthagena, on l'apelle aussi
Galere, pour ce qu'elle a façon de galere, comme l'autre; qu'elle est haute d'un costé et vient en baissant
d'autre comme une galere. Sur le plus haut de la
dite montagne, il y a une sentinelle pour descouvrir
la mer, avec une petite logette qu'ils ont faite en
façon de deux grandes eschelles pour monter en
haut pour descouvrir la mer; de sorte que ceux de la
ville y voient ordinairement la sentinelle.

La ville de Carthagena est posée sur le bord de la
mer. De la dite montagne, en venant de la mer avec
un navire, vous voyez blanchir les maisons, pour ce
que les maisons sont la plus grande partie de tables.
Il y a une maison de pierre, qui est au milieu de la
ville, qui blanchit comme une eglise; et la dite ville
est posée sur le bord de la mer toute environnée
d'eau. Du costé de la mer, du long de la plage, il y a
une petite forteresse qui est quarrée de la grosseur
d'un moulin qui deffend le costé de la mer. A l'entrée
du port, il y a une petite forteresse, là où les navires

mouïllent l'ancre, pour ce qu'elles ne peuvent pas aller dans la ville. L'entrée du port qui se prend à une lieüe de la dite ville, c'est une grande entrée d'une bonne tirée de moyenne d'un costé et d'autre, qui a bon fond par tout à douze ou treize brasses là dedans.

A deux lieües de la mer de la dite bocque, il y a une bande d'arene droitement à l'ouest, que par peu de vent vous voyez le brisant de la mer, et est bien dangereux, et faut bien prendre garde : on l'apelle Salmedine. Du costé du sudouest de la dite entrée du port, est une isle qu'on apelle Careyt : il y a un beau jardin dedans, où il y a force figuiers de figues noires de la grosseur d'un esteuf : il y a force migranes et treilles qui donnent des raisins, avec cinq ou six maisons, et ordinairement dix ou douze negres; il y a une cisterne au milieu du dit jardin, qu'on en tire l'eau pour arrouser le dit jardin avec une grande pompe de navire. A l'entour de Carthagena ne se nourrit chose qui soit, sinon des jardins, qui ont bien escharsement de l'eau; et du costé de la terre ferme, après avoir passé le pont, il y a une eglise apellée Saint François; et plus à la pointe du costé du sudouest de ladite isle, il y demeure quelques Indiens qui nourrissent des volailles et pourceaux qu'ils vont vendre à la dite ville de Carthagena.

Et entre la dite isle et terre ferme, y a une autre petite entrée, qui est du costé du sudouest, par où entrent les brigantins, quand ils viennent du costé du Nombre de Dieu; et toute la dite terre ferme qui

contient depuis Carthagena jusques à Tolo, il n'y a
point de maisons, ni villages, sinon toute terre basse,
et petites montagnettes par le milieu, sans fruit,
meschans arbres ; et de la dite isle de Carez venant le
long de la coste du costé du sudouest, à une lieüe de
là, il y a une petite baye, qu'on apelle Porte de Nau :
il y a bon mouïller l'ancre à dix ou douze brasses
d'eau. Tirant plus le long de la coste jusques aux
isles de Baruth, qui est à cinq lieües de là du costé
du sudouest, il y a des isles qu'on appelle les isles
de Baruth, qui sont cinq à six isles ensemble, l'une
auprès de l'autre, toutes roches ; il y a passage entre
les dites isles, pour ceux qui sont pratiquez là, qui
y ont passé autrefois ; et prenant des dites isles de
Baruth, la terre s'en revient à l'est et fait un grand
golfe leans dedans, qu'on apelle le golfe de Zapata,
et depuis la terre s'en vient rassembler aux isles de
Saint Bernard, qui sont à sept lieües des isles de
Baruth. Tirant au sudouest du costé de terre des dites
isles Saint Bernard, il y a un petit village qu'on
apelle Tolo, là où il y a cinquante ou soixante maisons de paille, là où ils nourissent grande quantité
de volailles et pourceaux, qu'ils portent vendre à
Nombre de Dios et à Carthagena, avec grande
abondance de mil ; toute terre basse, sablonneuse,
sans montagnes, arbres sans fruit. Tirant de là à
douze lieües de là, à sept lieües des dites isles Saint
Bernard, il y a une isle qu'on apelle isle Forte,
laquelle isle est pleine d'arbres marins, c'est-à-dire
sans proffit. Cette petite isle a demie lieüe de lon-

gueur, et du costé de nordouest, il y a un rocher qui
fait banc, qui va une bonne lieüe en la mer; et du
costé de surouest il y a bon mouïller l'ancre pour le
vent de nord et de nordest. A une lieüe de là vient
respondre la terre ferme, pour ce que c'est une grande
baye, là où est la ville de Tholo; et la pointe du
golphe vient respondre là à une lieüe près de la dite
isle tirant à l'ouest surouest. A la dite pointe de la
terre ferme, il y a une riviere, qu'on apelle la
riviere de Senou, là où il y a quelques maisons le
long de la dite riviere où se tiennent des Espagnols
avec des Indiens qui sement du mil et nourrissent
des pourceaux et volailles. Tout le long de cette
dite coste il n'y a point de montagnes, si ce n'est une
petite montagne qui prend le long de la riviere, bien
petite, qu'on apelle la montagne de Carbonniere; et
tirant tout le long de la coste du costé de sudouest,
il y a quelques maisons d'Indiens, et encore plus
au fond du golphe de Orana, qui est un golphe qui
confine à la dite coste, il n'y a point de montagnes,
ains quelques maisons d'Indiens qui sont sauvages
et n'obeissent point. Et de la dite isle Forte jusques à
sept lieües plus au sudouest, il y a une autre petite
isle qui s'apelle la Tarthuga, qui est une petite isle,
là où il n'y croist que quelques meschans arbres
marins, et toute de roche, et si il n'y a ni eau, ni
herbe, et si il y a des pourceaux; et à deux ou trois
lieües de là, il y a une pointe qu'on apelle la pointe
de Caribana, bien dangereuse de battures, rochers, et
meschant pays. De là entrant au cul de sac, y sort de

grandes rivieres, où il n'y a que des Indiens sauvages;
et retournant la terre, tirant au nordouest, il n'y a
que toutes montagnes, s'entend de l'autre costé du
golfe du costé de l'ouest, toutes montagnes, hautes
roches, sans arbres, ni habitations, sinon de negres
sauvages qui font maisons deçà et delà, par dedans
le bois; et la montagne continue de cette sorte toujours de cette hauteur, jusques à la montagne qu'on
apelle de Sainte Croix, autrement dit la Cavesse de
Cattinas. Le long de la dite coste sortant du dit cul
de sac, au beau près de la terre, y a deux isles l'une
auprès de l'autre, l'une plus grande que l'autre; la
plus grande s'apelle isle de Pine, et l'autre isle de
Louve. Tout du long de la dite coste jusques à la
pointe de Cattinas, tirant au norouest, est tout
plein d'isles sans point de proffit. En la dite pointe
de Cattinas, il y a une isle qui est plus à la mer que
piece des autres; il y a bon mouïller l'ancre pour
toutes sortes de navires grands et petits, et si y a de
l'eau douce. De là jusques au Nombre de Dios, il y
a douze lieües tirant à l'ouest, toute coste brave de
rochers. Auprès du Nombre de Dios du costé de
l'est, il y a une riviere, qu'on apelle riviere Françoise,
là où il y a une petite playa, les grands navires y
mouïllent l'ancre quelquefois; et de là à l'entrée du
Nombre de Dios, il y a quatre lieües; et à l'entrée du
dit Nombre de Dios, il y a une petite roche ronde,
qui paroit trois ou quatre lieües de la mer du costé
de l'est, qu'on apelle la Morre de Nicoise; et du costé
de l'ouest à deux lieües de là, il y a une isle ronde

assez haute, qu'on apelle les isles de Batiment; et
entre les isles et le dit Nicoise demeure du costé de
l'est; il y a une pierre parmi l'entrée que la mer luy
brise dessus pour peu de vent qu'il y ait; et du costé
de l'est à l'entrée du port du Nombre de Dios, il y a
des battures que la mer luy brise, qui sont certaines,
et n'y a point de danger de passer bien prés; et de
là vous voyez les maisons qui sont là dedans le cul
de sac, sur le bord de la mer, que c'est la ville du
Nombre de Dios; et sur la ville du Nombre de Dios,
dans la terre, il y a une montagne haute, qu'on
apelle la montagne de Capiro; et cette montagne se
voit de bien loin dans la mer. Le chemin qui va de
Nombre de Dios à Panama passe au pied de cette
montagne, là où vous voyez ordinairement le long
de ce grand chemin quantité de mulets, qui portent
les marchandises du Nombre de Dios qui viennent
par d'Espagne, les chargent sur des mulets et les
portent à Panama, et de Panama, quand retournent,
portent les tresors or et argent; et depuis le dit
Nombre de Dios jusques aux montagnes Sainte
Croix, qu'on a nommé cy devant, il n'y a point
d'habitation, ni montagnes qui se puissent dire
hautes, sinon petites montagnes, avec arbres sans
fruit, avec force porcs, sangliers et vaches sauvages.

LA VILLE DE NOMBRE DE DIOS.

Il n'y a nulle habitation autour, quelle quelle
soit, sinon un jardin ou deux, où il y a force oranges. Ils ne servent de rien là, sinon recevoir les
marchandises, et les envoyer plus outre à la mer de
Sus. Et de Nombre de Dios jusques à Panama, il y a
dix huit ou vingt lieües de là sur la mer de Sus, là
où sont d'autres navires de trafic qui portent autant
de marchandises comme à cette·mer, et trafiquent
en cette mer de là; et sortant du dit Nombre de
Dios tirant à l'ouest, il y a des isles à deux lieües
de là du costé de l'ouest, qui se disent les isles de
Batiment, qui sont quatre ou cinq isles ensemble,
dont il y en a une plus grande de toutes, qu'il y a
une maison avec des negres qui sement du mil, et
y a un jardin où il y a force oranges et plantanes, qui
est un fruit qui est long et vert, et croissent à grande
quantité ensemble comme gros raisins, et l'arbre qui
les porte, est un arbre vert qui n'a point de façon
de bois, et le pied de l'arbre est gros comme le bras,
et les feuïlles longues et larges, comme une aune de
long et trois pieds de large; et quand l'on veut
cueillir le fruit, il faut couper la jambe avec un cou-
teau, et l'on abbat l'arbre pour cueillir le fruit qui
est gros; et le dit arbre ne porte jamais qu'un raisin
seul; et quand l'arbre est coupé subit à son temps

en croist un autre : le dit arbre n'a forme de bois, pour ce qu'il est tout comme liege ; les feüilles sont en façon d'herbe à la Reyne, et ne porte jamais de fleurs.

Et tirant de là à l'ouest, jusques à Porto Bello, y a dix lieües, toutes battures, dangereux pays ; la terre ferme qui contient depuis Nombre de Dios jusques à Porto Bello, est toute terre mauvaise, montagnes pleines d'arbres sans point de fruit, tous pays de sauvages, où il n'y a que des negres sauvages qui habitent là dedans ; il y a force sangliers et vaches sauvages.

Le dit Porto Bello, est un port fort bon pour toutes sortes de navires. Il y a du Nombre de Dios jusques à Porto Bello vingt lieües du costé d'ouest ; et du Porto Bello tirant à la riviere de Chagry, il y a douze lieües. C'est une riviere qui sort de la terre, qui vient d'auprès de l'autre mer de Sus, à quatre lieües, là où les brigantins du Nombre de Dieu chargent les marchandises et les portent le long de ceste dite riviere, et les portent jusques à quatre lieües de l'autre mer comme dit est, là où il y a une maison expressement faite pour recevoir les dites marchandises, et de là les chargent sur des charrettes qui les portent à Panama. Toute cette terre, depuis le dit Porto Bello jusques à la riviere de Chagry, tout est terre mauvaise, basse, et plage long de la mer ; et depuis la dite riviere de Chagry jusques à la riviere de Veraghe, il y a dix lieües, toute terre perduë, montagnes, roches, tout le long de la mer, sans point de

battures. La dite riviere de Veraghe, est une petite
riviere, que tant seulement y peuvent entrer les
brigantins qui portent les vivres et autres marchandises. La dite Veraghe est posée dans la montagne
à une petite lieüe le long de la dite riviere, sur une
petite planure qui est là entre les montagnes ; et en
la dite Veraghe ne s'y recueillit rien qui soit, et
n'ont rien, sinon ce qu'on leur porte par mer. Il y
a quelques cinquante ou soixante maisons, qui sont
toutes de pailles, où les Espagnols se tiennent ordinairement en maniere d'une retraite qu'ils ont faite
là, pour ce que les dites montagnes qui sont là rendent grande quantité d'or ; et les Espagnols se sont
retirez là, par ce qu'il y fait plus sain que se tenir
aux montagnes, et les negres se tiennent en la dite
montagne, qui tirent l'or. Il y a dix lieües depuis là
où se tiennent les Espagnols jusques aux mines, et
y portent les vivres de quoy ils vivent, le long de
la riviere, avec de petits bateaux.

La maniere comme ils tirent l'or, je vous le
diray. Il est de cette maniere. Ils ont de petites
houës de quoy il sapent la terre qu'ils apellent Almachapt, et avec cela cavent la terre contre la dite
montagne, et mettent la terre luisante dedans des
battées, qui est une chose de bois rondes, plattes,
et creuses au milieu : et puis s'en vont dans la riviere, et lavent fort cette terre dans les dites battées,
de sorte qu'il n'y demeure que l'or au fond des dites
battées.

Et tout du long des dites montagnes n'y a aucunes

habitations, sinon toutes montagnes, forests et
mauvais pays, sans fruit, ni rien. Et jusques à la
riviere de Nicaraghoa, toutes grandes montagnes,
où il y en a une à vingt cinq ou trente licües des dites
mines de Veraghe, qu'on apelle les Serres de Broccan ; l'on l'apelle Broccan, pour ce qu'en cime de la
dite montagne y a un feu qui en sort à la pointe,
que l'on voit de bien loin. Et de la dite Veraghoa
jusques à Nicaraghoa, le long de la coste de la mer,
il y a mauvais pays dangereux. Il y a une isle au
milieu de la dite Nicaraghoa, du costé de l'ouest, à
dix lieües de Nicaraghoa, et s'apelle Lescut. Tirant
de là plus avant du costé de l'ouest, il y a des
autres isles, qui se disent les isles de Sarobaru, qui
sont des isles qui sont en une baye, cachées entre
montagnes, sur le bord de la mer, grandes. Il y a
bon port pour toutes sortes de navires ; et depuis
de là, la terre tire au norouest, jusques à la riviere
de Nicaraghoa, qui est une riviere qui vient de
quatre lieües auprès de l'autre mer. Il y a quatre
vingts lieües depuis la bouche de la dite riviere
jusques au fond ; la dite riviere est large à l'entrée,
repartie en deux, une grande isle au milieu. Dans
cette dite riviere est grand trafic de brigantins qui portent marchandises. Toute cette terre est sans demeu-
rance de personne, terre rase, de petites montagnes,
avec grandes planures, et grandes forests d'arbres
sans fruit, vaches sauvages, sangliers. Sortant de la
dite Nicarague, et tirant toujours le long de la coste
de la mer, la terre s'en retourne vers nord nordest,

et de la dite riviere jusques à la pointe de Gratias a
Dios, il y a soixante dix lieües, toutes costes braves,
mauvais pays, rochers, montagnes, forests sans
point de proffit; il n'y a point d'habitations le long
de cette coste. Et de la dite riviere de Nicaraghoa
tirant au costé de nordest, il y a une isle à quinze
lieües de là, avec grande quantité de farraillons du
costé de l'ouest à la dite isle : et sur le cap de Gratias
a Dios, il y a un bon port, où pourrez trouver de
l'eau douce : il faut caver si près de la mer que voudrez, vous trouverez de l'eau, et de là tirant au
nordouest, il y a une autre grande baye, qui se dit
Cartage, où il y a un bon port; tout pays deserts,
montagnes et bois, pays sauvage : et de là tirant au
nord jusques au Cau de Camaron, toute coste brave
et mauvaise, meschant pays, mauvaise navigation :
il y a que quatre et cinq brasses d'eau ; c'est un
grand banc d'arenes, qui dure depuis le port de
Cartage jusques au Cau de Camaron, et dure d'est
ouest bien cinquante lieües, et la dite terre, toutes
montagnes, meschant pays, sans point de peuplaison.
On apelle la dite coste, la coste de Tasgualpa, Tas-
goalpa ; et la pointe s'en retourne droitement à
l'ouest. Il y a depuis le dit Cau de Camaron jusques
à la ville de Truchillo vingt lieües droitement à
l'ouest, toutes montagnes fort hautes et pointuës.
Sur la dite ville de Truchillo il y a une montagne
fort pointuë, et sur le bord de la mer; et toute terre
rase, durant quatre lieües de longueur jette une
grande pointe à la mer, et fait une grande baye du

costé de l'ouest de la dite terre basse ; et la dite ville est posée au pied de la dite montagne pointuë ; et du costé de l'ouest de la dite terre rase il y a un petit islot à la mer, qui se bouche avec la terre rase : mais toute la terre est toute d'arene et plage.

TRAICTÉ

EN FORME D'EXHORTATION, CONTENANT LES MERVEILLES DE DIEU
ET LA DIGNITÉ DE L'HOMME

COMPOSÉ PAR JEAN PARMENTIER

En traversant la grand mer d'Occident
Pleine d'esprit ou gist maint accident
Par ventz soufflantz sans mesure et repos,
Delibere penetrer l'Orient,
Passer mydi : mais qùe inconvenient
Ne peust troubler mon desireux propos :
Le cueur bien sain en ma nef bien dispos,
L'esprit ouvert sur si pesant affaire,
Vins à penser quel œuvre vouloys faire.

Je suis pensant pour quelque fantasie,
Je quicte Europe et tant je fantasie,
Que veulx lustrer toute Affrique la nove,
Encores plus je ne me rassasie,
Si je ne passe oultre les fins de Asie,
A celle fin que quelque ouvre je innove
Mon cervault boult, mon esprit se renove
Car pour repos il prend solicitude ;
Mais dont me vient telle effrenée estude ?

Diray je avec Horace ou Juvenal,
En concluant soubs un propos final,
Que aux Indes vays pour fuyr poureté ?
Cest argument est faulx et anormal ;
Faulte d'argent ne me peult faire mal ;
Point ne la crains, car j'ay plus poure esté.
Sur quel propos suis je donc arresté,
Quand j'ay conceu voyage si pesant ?

Alors raison contenta mon esprit,
Disant ainsi : Quand ce vouloir te esprit
De te donner tant curieuse peine,
Cela tu feis afin que l'honneur te prit,
Comme Françoys qui premier entreprit
De parvenir à terre si loingtaine.
Et pour donner conclusion certaine,
Tu l'entrepris à la gloire du roy,
Pour faire honneur au pays et à toy.

Sur ce pensif et tout melancholique,
Entray en chambre ou ma bibliotheque,
Vins revolver pour trouver passetemps,
Et me adressay à l'Ecclesiastique
Sur ung beau mot de sentence autentique,
Pour tous haultz cueurs rendre pleïs et contentz
Dont le vray sens feut tel comme j'entendz :
Qui veult avoir grande gloire et honneur,
Doibt suyvir Dieu son souverain seigneur.

En suyvant Dieu sur ce bas territoire
On trouvera le royaume de gloire.
Par suyvir Dieu on prendra avec luy
Bruit immortel ; on obtiendra encore
Longueur de jours eternels par memoire.
Sans fascherie ou soit mortel ennuy.

Que me vault donc avoir tant circuy
En terre et mer, puis qu'en plus prochain lieu
On trouvera honneur en suyvant Dieu ?

En suyvant Dieu et ses commandementz,
Ses doulces loix et ses enseignementz,
On a honneur qui veult se humilier.
Que me vault donc de veoir tant d'elementz,
Souffrir en mer tempestes et tourments,
Ayant tousjours des soucys ung milier !
Mieux m'eust valu me rendre Cordelier
Avec François et sainct Bonaventure :
Je y eusse acquis honneur à l'adventure.

C'est ung estat comme l'ordre l'afferme
Pour suyvir Dieu ; et si c'est à pied ferme
Sur le plancher aux vaches bel et bien.
Ou bien souvent d'ung beau bissac on s'arme
Plein de lopins de quoy le traict on charme
Qui n'auroit plus ou moins c'est mieulx que rien
Ilz vont prescher, pour acquerir du bien
Et de l'honneur, parmy dames devotes,
Qu'il y a souvent de bonnes sottes.

Et si j'estoys Cordelier d'adventure,
Auroys je honneur pour porter sur la dure
Le beau bissac comme un poure belistre ?
Tout bien pensé, de tel estat n'ay cure
Mieulx me vauldroit la bonne grosse cure,
Ou quelque abbaye afin de porter mitre,
J'auroys honneur, car j'auroys un beau titre.
Mais je ne sçay si c'est le droit du jeu
Et l'honneur vray qu'on a pour suyvir Dieu.

Ce m'est tout ung ; de tels gentz ne veulx estre ;
Car aussi bien je n'ay argent à mettre
Sur le bureau pour avoir benefices :
Et sans argent on n'a bulle ne lettre,
Si on n'est subtil pour s'entremettre
D'en crocheter par dol ou par blandices.
Mais j'eusse eu aultres moyens propices
D'avoir honneur comme les aultres ont
En acquerant le grave bonnet rond.

Or pour certain on tient qu'ung bon pillote,
Ung marinier qui tout son cas bien note,
Bien entendu et bien exercité,
Est plus longtemps pour entendre sa note,
Parfaictement qu'il ne s'en faille iote,
Qu'ung docteur n'est en l'université.
Suys je pas donc bien plein de cecité
D'avoir esleu le maritime estude,
Laissant le doulx pour emporter le rude.

Considerés quel docteur j'eusse esté,
En quel honneur ma grave majesté,
Pesantement on eust veu apparoistre,
Et en lieu suis un poure dejeté,
Ung mathelot qui n'a auctorité,
Fors qu'en la mer quand au dangier fault estre ;
Mais en la terre on m'eust dict : nostre maistre
Bona dies ! vos beaulx motz par sainct Gille
Sont aussi vrays que la belle evangile.

Raison oyant mon trop maigre propos
Mal mis en ordre et assez mal dispos,
Pour y asseoir bonne conclusion,
Me dist aussi : Comme ung de mes suppostz
Te veulx donner spirituel repos,

Pour te garder d'avoir confusion.
Poursuy ton œuvre ou nait abusion.
Se ainsi le fais, tu ensuyviras Dieu,
Dont tu auras vray honneur en tout lieu.

Et les moyens entendz que je te dys :
Ensuyvir Dieu, c'est ensuyvir ses dictz,
Ses mandementz, et sa benigne loy
Pour estre mis au reng des benedictz
Pour avoir lieu d'honneur en paradis
Et parvenir en glorieux arroy.
Or est ainsi qu'en ce mondain terroy,
Qui veult servir son seigneur ou son roy,
On prend plaisir à cognoistre ses faictz.

Plus il est grand, plus il est crainct en soy ;
Plus il est bon, plus luy tient on sa foy ;
On l'aime autant qu'on voit ses faictz parfaictz.
Et tu as Dieu pour souverain seigneur,
Tu es soubs luy, il est ton enseigneur,
C'est ton vray roy, seul plain d'omnipotence,
Qu'on doibt tenir pour obtenir son heur,
Qu'on doibt querir pour acquerir honneur,
Qu'on doibt servir premier sans negligence.

Expose donc plaisir et diligence,
Cueur, corps et ame et toute intelligence,
De recognoistre à qui tu as affaire
Quel seigneur c'est, et sa puissance immense,
Sa grand prudence et parfaicte clemence,
Sur tout tes faictz tu as tel œuvre à faire.

LES MERVEILLES DE LA MER

Mais veulx tu mieulx cognoistre sa puissance
Que pour suyvir soubs son obeissance
Ton bon voyage et navigation?
Tu y pourras contempler à plaisance
Son hault pouvoir par grande esbaissance,
Voyant la mer en son inflation,
Sa merveilleuse et grosse elation,
Ondes mouvantz par fluctuation,
Sa profondeur, son creux et son abisme.
Lors tu diras par admiration :
Seigneur! qui fais telle operation,
Tant ta vertu est grande et altissime!

Qui cognoistra les merveilles de mer,
L'horrible son plein de peril amer
Des flotz esmeus et troublés sans mesure ?
Qui la verra par gros ventz escumer,
Pousser, fumer, sublimer, se abysmer
Et puis, soubdain tranquille, sans fracture ?
Qui cognoistra son ordre et sa nature ?
Mais qui dira : j'ay veu telle adventure,
Sinon celluy qui navigue dessus.
Cestuy là peult bien dire par droicture :
O merveilleuse et terrible facture
Du merveilleux qui habite là sus!

O navigantz, o poures mathelotz,
Qui cognoissez la nature et les flotz
De la grand mer ou pretendez profits,
Levez les yeulx (ayant les cueurs devotz)

Devers le ciel, et je feray des vos
A donner gloire à celluy qui la feit.
Sans lascheté dont maint est desconfit,
Soit à tousiours vostre parler confit
En sa louenge et en son seul honneur :
Et vous aurez non obstant tout conflict
De ses biens tant, que vous direz il suffit :
Car c'est luy seul vray liberal donneur.

Considerez la grandeur et l'estente
De cette mer tant large et tant patente
Dont la moitié pourroit noyer la terre
Et non obstant sa force violente,
La main de Dieu forte et omnipotente
La tient ensemble en arrest et en serre,
Par sa puissance en lieu borné la serre,
Par sa puissance il luy donne son erre,
Son mouvement et son cours ordinaire.
Et quand el bruit comme horrible tonnerre.
Dont pourement maint esquippage en erre,
Par sa clemence il l'appaise et faict taire.

Considerez les merveilleux tropeaux
Qu'on voit cingler au travers de ces eaux,
De gros poissons et d'horribles velus
Diversement et à si grandz monceaux,
Que engin humain jugeroit cela faulx
Si de premier telz bestes n'estoient veues.
Ilz sont sans nombre et toutes sont repeues ;
Le seul parfaict qui surmonte les nues
Sustente tout et leur donne pasture,
Qu'ilz vont chercher parmi vagues esmues
En sortissant de leurs profundes nues
Jouxte l'instinct de leur propre nature.

Et voyez donc quelle puissance assouvie
Ha celluy seul qui seul donne à vous vie
Qui tout nourrit en vertu de sa grace
A qui mieulx mieulx chascun par bonne envie.
Considerez en pensée ravie,
Le hault pouvoir plain de saincte efficace,
Et vous aurez cause bien efficace
De luy donner louenge en toute place,
Et d'exalter son sainct nom et sa gloire,
Se humilier devant sa saincte face,
.Garder sa loy, quelque chose qu'on fasse,
Et le servir par effect peremptoire.

LA DIGNITÉ DE L'HOMME

Mais oultreplus considerez comment
L'homme mortel a eu l'entendement,
L'esprit, le cueur et la grande hardiesse
De naviguer pendant un gros tourment
Durant un temps par vent trop vehement,
En soubstenant sur mer mainte rudesse.
O Dieu vivant, qu'est-ce de l'homme, qu'est-ce,
Qu'est-ce de luy, qui l'as en ta pensée?
Tant que bien pres d'angelique haultesse
Il a attainct en son esprit noblesse
Par la vertu que luy as dispensée.

Pour demonstrer ta puissance et grandeur,
Tu as faict l'homme en charitable ardeur,
Et chascun jour tu le viens visiter :
Tant que tu veulx pour luy donner bon heur
Le couronner de grand gloire et honneur,

Se en ton service il veuille persister.
Car je ose bien de l'homme reciter
Qu'il n'est vivant qui saiche resister
Contre son sens, quand son esprit s'esforce.
Tu l'as vouleu si haultement monter,
Que soubs ses pieds, il peult tout surmonter
Moyennant toy qui lui donne tel force.

Tu l'as esleu souverain admiral,
Grand capitaine et grand chef general,
En mer, en terre, et mesme en my l'air ;
Tu l'as faict roy, tu l'as faict capital
Entre tes faicts, comme le principal
De tous vivants dont on sauroit parler.
Bestes brutaulx ne sçauroient ou aller,
Poissons cingler, ne les oiseaux voler,
Que tous ne soient sous le pouvoir de l'homme ;
C'est ta vertu qu'en luy fais rutiler ;
Tout vient de toy, nul ne le peult celer,
Car rien sans toy ne s'acheve et consomme.

Se ainsi est donc que le hault Dieu parfait
Par la vertu ait pour l'homme tout faict,
Luy donnant tout en generalité,
Qui detiendra que par voye de faict,
L'homme de cueur ne se mette en effect,
De aller chercher en specialité
Ce qui est faict pour son utilité,
Et soubs vertu pleine d'humilité,
En rendre à Dieu les graces et louenges
Magnifiant sa liberalité,
Qui plus a faict à la realité
Pour l'homme seul que pour tous les saincts anges ?

Pren donqs cueur, toy avecques tes gens,
De passer oultre et estre diligentz,
Ainsi que gens et non pas comme bestes ;
Et si n'avez parfois entre les dents
Le gros plaisir du ventre là dedans,
N'en faictes cas et vous montrez honnestes ;
En tel voyage auquel maintenant estes,
Sobrieté rend les pensées nettes,
L'esprit gaillard, subtil, plain de vertu :
Mais ces pourceaux, ces soullards deshonnestes
Qui aiment tant morceaux et grasses festes
Ont leur esprit tout mort et abattu.

Puis contemplez en cinglant par long cours
Qui faict les jours, qu'on voit puis longs puis courts,
Qui faict mouvoir le haultain firmament
Qui faict la lune en croissant, en decours,
Ayant tousjours vers le soleil recours
Pour soy montrer clere à tout element,
Qui faict mouvoir le soleil tellement
Que ciel et terre en un jour seulement
Il circuit plain de ardente splendeur ;
Qui faict tourner le ciel asprement
Qu'en la vertu de son fort mouvement
Le tout est meu sous sa forme et grandeur.

Cestuy là seul qui toujours se repose
Faict au hault ciel toujours avoir sans pose
Les corps luisants qu'on voit tant radieux ;
Cestuy là seul (duquel bien dire je ose)
Qu'il ne se meult jamais pour nulle chose
Faict seul mouvoir les grandz roes des cieulx ;
C'est le seul roy et le seul Dieu des dieux,
Qui a puissance et vertu en tous lieux ;
Et tous les cielz ne le sauroient comprendre :

Il est si grand, il est si merveilleux,
Ses faictz si haults et si miraculeux,
Que, tout conclud, on n'y sçait rien entendre.

Mais il suffit que tu entendes bien
Qu'il a tant faict et tout pour ton grand bien,
Dont tu luy doibs honneur en toute affaire
Il a tout faict. Voire de quoy ? De rien.
Il a tout faict afin que tout soit tien,
Non pas à luy, car il n'en a que faire.
Il a tout faict, mais il peult tout deffaire,
Car s'il te voit par vice contrefaire
Et te obstiner sans reprendre vertu,
Et sans à luy humblement satisfaire,
De tous les biens qu'il a vouleu parfaire
Enfin n'auras la valeur d'un festu.

Or reduys donc au creux de ta pensée
Quelle grand grace est à toy dispensée
(Si tu la veulx) par cet ouvrier parfaict.
Et si raison est en toy compassée,
Tu ne feras une seule passée
Sans louer Dieu qui tel bien te parfaict.
Se ainsi le fais, tu veorras que par faict
Dieu eternel aura tant pour toy faict
Que tu feras bon voyage en bon heur,
Qu'en ton pays ton cueur tout satisfaict
Tu reviendras de joye tout refect,
Plain de plaisir, de profit et d'honneur.

Se à Dieu aymer avez vostre cueur mis,
Ne craignez point vos mortels ennemys,
Dieu destruira leurs operations,
Tout leur pouvoir sera par luy submis
Tout leur conseil aboli et remis,

En reprouvant leurs cogitations.
Dieu voit du ciel sur toutes nations
Il voit les cueurs et les intentions
De tous humains en l'universel monde.
L'homme propose en ses affections,
Et Dieu dispose en ses perfections
Et faict à l'homme ainsi comme il si fonde.

Or fondez vous à vertu ensuyvir,
A louer Dieu, l'aymer et le servir
Et vous ferez parfaict et bon voyage.
Ne pensez point les biens d'aultrui ravir,
Ne pensez point les hommes poursuyvir
D'aultre raison pour leur faire dommage ;
Mais si ennemys s'offrent vous faire oultrage,
Monstrez en vous un vertueux courage,
Defendez vous, car Dieu fera pour vous ;
S'ils ont en nombre un plus grand advantage,
Ne craignez point leur furieuse rage :
Dieu est pour vous, qui les confondra tous.

Considerez ce qu'en dit le Psalmiste : .
Ne pensez pas que victoire consiste
En la vertu d'un roy ou de ses gentz ;
Vertu divine est seule qui resiste
Encontre tous, et se en vous elle assiste,
Vous ne pouvez jamais estre indigentz
Se avecques Dieu vous estes diligentz,
Vous obtiendrez sur peuples et regentz
Suyvant bon droict l'honneur de la victoire.
Car qui craint Dieu et s'y fie en tout temps
A son besoin en guerres est contendz ;
Dieu le regarde et luy est adjutoire.

LES MERVEILLES DE L'AIR

Ainsi pensant aux merveilles divines
Qui sont au ciel et aux ondes marines
Vous parviendrez à honneur glorieux ;
Mais passons oultre et voyons les haultz signes
Qui sont en l'air selon les divers lieux.
L'un air est fin, l'aultre est tousjours pluyeux,
Caligineux, obscur et ennuyeux :
L'un est joyeulx, l'aultre est plain de tourment,
L'un est fort chaud, l'aultre est froid rigoureux,
L'un est fort doux, l'aultre est mal amoureux,
Et si tout sert, considere comment.

Dieu n'a rien faict qui ne serve à nature,
Dieu n'a rien faict en vain contre droicture,
Tout feit si bien que tout est bon de soy.
Le philosophe et la saincte escripture
En sont tesmoings : par quoy la creature
Qui sent raison peult bien dire : O hault roy !
O createur qui tout as faict pour moy !
Si maintenant je tombes en esmoy,
En voyant l'air trop austere en maintien
Par chault, par froid, par tourment que je y voy,
Ce non obstant pardonne moy. Je croy
Que ainsi le fais et le veulx, tout pour bien.

Si tu voys l'air plein d'une beauté nette,
Pur, cler, fin, beau, en douceur tant honneste
Qu'il semble à veoir qu'onques ny eust laidure
Je te supplye fais comme l'alouette

Qui vole en l'air chantant la chansonnette
Pour donner gloire au hault Dieu de nature,
Ceste petite et belle creature
Oublie tout et manger et pasture
Pour gringoter ses chants et ses fleurtis
En louant Dieu. O humaine facture !
Si tu fais moins, c'est bien contre droicture :
Rends gloire à Dieu dont tous biens sont sortis.

Vole en ton cueur par contemplation,
Penetre l'air par speculation,
Va jusques à Dieu de plain vol de pensée,
Plus, fays sortir de meditation
Un doulx motet à l'exaltation
Du seul qui fit tel beauté compassée ;
Et se en ce poinct est sa grandeur pensée
Dedans ton cueur bien pesée et passée
Parmi louenge à sa gloire mystique
Ta voix seroit bien rude et bien cassée
Se el n'est de Dieu beaucoup plus exaulcée
Que tous les chantz qu'onques pensa musique.

Et si tu vois par façon opposite
L'air obscurcy, que le gros vent excite
Par grand tempeste et tourmente soubdaine,
Ce non obstant sans parolle mal dicte,
Sans murmurer soit ta pensée induicte
A louer Dieu en sa vertu haultaine,
Considerant que la grosse balaine
Y prend plaisir, et à force d'alaine
Voyant tel temps faict l'eau bondir en l'air,
Elle s'esmeut, elle sault, el se pourmaine,
Se jecte en l'air, et tel plaisir elle maine
Qu'il semble à veoir qu'elle doive voler.

Je te supply, fais en bien ton profit ;
Mais qui la meult ? c'est celuy qui la feit.
Et semble à veoir qu'el luy veult rendre gloire.
Auras tu donc ton cueur tant desconfit
De te aller rendre en desespoir confict
Moins qu'un poisson pour un vent transitoire?
Recognois Dieu pour ton vray adjutoire,
L'air a troublé, mais il le peut encore
Faire plus beau que ne le veis jamais.
Prend donc espoir avec luy, et l'adore,
Requiers son aide en ta simple memoire,
Et tu n'auras quelque perilleux mais.

S'en cest estat avec Dieu te conformes,
Et qu'en voyant impressions et formes
Qui sont en l'air, ton Dieu tu magnifies
Il n'est gros air ne brouillars si difformes,
Gros coups de ventz si pesantz et enormes
Qu'en la vertu de Dieu tu ne deffies.
Fays ton pouvoir, et du reste te fies
En cestuy là lequel tu glorifies.
Et tu n'auras aulcun mal et nuisance :
Car ce qu'il faict, c'est affin que n'oublies
Son sacré nom et que tu te humilies
En cognoissant sa terrible puissance.

LES MERVEILLES DE LA TERRE

Après avoir bien contemplé les faictz
Qu'il a au ciel, en mer et en l'air faictz,
Venons à terre à ses vertus entendre.
Entendez-moy, bons mathelotz parfaictz,

Estes vous pas de joye tous refectz,
Lorsque voyez la terre où voulez tendre
Quand par longtemps faictes voilles estendre,
Cinglant sur mer, et que par long attendre
La faim vous prend, la soif vous prend en serre,
Le pain vous fault, on ne sait plus ou prendre,
Quand un tel cas vous vient de pres surprendre ;
Par votre foy ! desyrez vous point terre ?

N'en jurez ja, ce seroit chose folle ;
On vous croit bien à la simple parolle,
Que l'opposite en tel cas seroit faulx,
Car j'en congnois dejà en vostre escole,
Quelqu'un ou deux, si bien je m'en recole,
Assez tannés par ce qu'ilz ne sont saoulz.
Ils ont assez, mais non pas les morceaux
Si tres frians n'y à si grands monceaux
Ne si bon vin qu'ils auroient à pied ferme.
Hé ! Dieu du ciel ! (ce disent ces pourceaulx)
Demourrons nous tousjours dessus ces eaux ?
Ne bevrons nous jamais jusque à la lerme ?

En telz regretz pleins de memoire grasse,
Non obstant vice, ils congnoissent la grace
Que Dieu a faict sur terre universelle
Pour nourrir l'homme, et disent à voix casse :
Dieu fait bien tout, car la terre humble et basse
Donna à l'homme affin qu'il vive en elle ;
Ilz pensent bien que puissance eternelle
Met bled en grange et le vin en tonnelle,
Mais leur penser est tout ainsi que vent :
Car s'ilz ont terre et sont pres la vaisselle
Dieu est leur ventre, et sa louenge belle :
C'est le poirier qui charge si souvent.

Mais vous enfans d'honneur et de raison,
Qui desirez en temps et en saison
A veoir la terre après vos longs sejours,
De vous à eux n'y a comparaison ;
Car vous fondez louenges et oraison
En protestant y persister tousjours ;
En ce moyen vous avez tous les jours
Quelque pensée et seul et seur recours
Au seul qui faict les merveilles du monde.
A Dieu pensez : Dieu pense à vostre cours
A Dieu priez, et Dieu vous est secours,
Se procedez d'un bon cueur pur et munde.

En desirant avoir la jouissance
Des biens et fruictz croissantz par abundance
Dessus la terre, et là n'y povez estre,
Dens vostre cueur et en la circunstance
De ce desir vous goustez la puissance
De Dieu qui feit la machine terrestre ;
En desirant, pour vostre corps repaistre,
Quelque chapon, quelque ouaille champestre,
Ou quelque bœuf pour mieulx faire gros rost,
Bon pain, bon vin, pour sus la table mettre,
Vous benissez celluy qui en est maistre
Et luy priez que cela vienne tost.

D'autant qu'on voit la chose difficile
Tardive et rare, et qu'el n'est pas facile
De l'avoir tost, d'autant elle est plus chere.
Et avec ce qu'elle est bonne et fertile,
Commode à l'homme, excellente et utile,
Plus on l'estime et plus on la prefere.
Et oultre plus, celluy qui la confere
Qui en est maistre, et s'il veult, qui differe
A la bailler, selon son bon plaisir,

C'est cestuy là qu'on honore et revere
Qu'on vient prier et auquel on adhere,
Affin qu'on ait ceste chose en desir.

Par ce moyen vous estans sur la mer,
Tant plus avez quelque peril amer,
Tant plus pensez au hault Dieu admirable,
Et le penser, vous contrainct à l'aymer,
Et en l'aymant, vous voulez sublimer
Et hault louer sa gloire inenarrable.
Mais en la terre, à l'auge et à l'estable.
Vous ne pensez ni à Dieu ni à diable.
Tout vous est un, mais que Margot soit plaine
C'est faict en brut et beste variable
En laissant l'ame en la voye incertaine.

Mais revenons au point de nostre entente
Et contemplons que main omnipotente
A bien montré sa merveille et grandeur
Dessus la terre en sa terrible estente :
En ses haultz montz, en mainte isle patente,
En sa beauté, en sa forme et rondeur.
Plus contemplons que luy supresme autheur
La colloqua ainsi que createur
Au centre vray du monde pour son lieu :
L'air tout entour, le ciel et sa haulteur
Et non obstant sa masse et pesanteur
A rien ne tient fors qu'à la main de Dieu.

La main de Dieu en sa vertu discrete
La tient en l'air par façon tant secrete,
Que l'homme n'entend ceste vertu profunde
La main de Dieu qui toutes choses traicte
La tient, soubtient, entretient et arreste :
Droict au milieu et vray centre du monde.

Et tout entour de cette terre ronde
On voit tourner maint corps lumineux munde
Le cler soleil, estoilles et planetes
Le firmament, les nues, l'air et l'unde,
Dont elle prend fertilité fecunde
Pour sustenter les hommes et les bestes.

Les faictz de Dieu evidentz et apertz
Le monstrent bien sur la terre dispers,
Quand tout autour, et dessoubs et dessus
Il y a gens en maintz lieux et divers,
Piedz contre piedz, de costé, de travers ;
Et toutefois chascun pense estre sus :
Aussi sont ilz dont plusieurs sont deceus,
Disant : comment ne sont tumbez ou cheus
La teste en bas ceulx là qui sont soubs nous
Si telz secretz ne sont par l'homme sceus
Se neantmoins le hault Dieu de là sus
Entretient tout au dessus et dessoubz.

Par ce voyage et navigation
Vous cognoissez en speculation
Ce que je dys par vraye certitude :
Les corps du ciel en sont probation
Que vous voyez par elevation
De jour en jour en vostre latitude
Quand le froit nord ou gist vostre habitude
Vous delaissez et mettez votre estude
A naviguer vers la part de mydi
La part du su vous monte en altitude,
Et vostre nord descend en promptitude
Tant qu'en la mer il est approfundy.

Quand vous cinglez au su d'un temps prospere
Vous elevez dessus vostre hemisphere
Les estoilles du bas pole antartique :

Et si chascun de vous bien considere,
Lors vous laissez toute estoile ou sydere
Qui est auprès de vostre pole artique.
Dont vient cela? Il faut bien qu'on pratique
Que la rondeur de terre et mer applique
Devant vostre oeul un obstacle au milieu ●
Qui nuist à veoir aulcune part celique
Et monstre l'aultre en droict ou en oblique
Ainsi la terre a rondeur en tout lieu.

Se elle a rondeur comme il fault conceder
Et que par long et bien loing proceder
Trouver le quart du grand globe univers,
On doibt conclure et à raison ceder
Sans soustenir, ou du contre se aider,
Que estes adonc establis de travers
Du lieu premier tant sont les lieux divers.
Plus si voulez vous trouver à l'envers
Comme antipode, ou bien pied contre pied,
Oultre cinglez en vos vaisseaux appertz
Lors ce verrez ainsi que gentz expertz
Quand vous aurez du grand rond la moitié.

Ainsi voit on les merveilles insignes
Ainsi voit on les haultz faicts, les haults signes
Et les vertus du seul immortel roy,
Ton grand seigneur plain de bontez benignes,
Vray enseigneur en sciences divines,
Et ton ducteur en ce mondain terroy.
En ce voyant, auras tu poinct effroy
De proceder contre sa saincte loy?
Feras tu pas, au gré d'un tel seigneur
Qui est ton Dieu? je crois que ouy : par quoy
Se ainsi fais, et les tiens avec toy,
Tu obtiendras profit, joye et honneur.

LECTEUR

Quand je eus ouy et entendu raison
Ainsi parler par prudente oraison,
Je fus si plain de joye et de plaisir
Que oncques n'en eus autant en ma maison ;
Parquoy conclus qu'il estoit bien saison
Pour eviter ennuy et desplaisir
De escrire tout à mon petit loisir
Comme raison me avoit bien faict entendre
Et à mes gens le donner à entendre :
Ce que j'ay faict dont à Dieu soit la gloire
Qui nous conduict et conduira encore
Comme j'espere en faisant bon voyage.
Et pour avoir tousjours de luy memoire
A vous maistre d'un fraternel courage
J'en fais present et à tout l'esquippage.
En vous priant, mes freres et amys,
Que ayons tousjours à Dieu nostre cueur mis.

VELA DE QUOY.

PLAINCTE

sur le trespas de deffunctz

JEAN ET RAOUL PARMENTIER

Capitaines de la Pensée et du Sacre

En la navigation des Indes : faicte par eulx l'an Mil. D. XXIX, composée par Pierre Crignon, bourgeois de Dieppe, compaignon desditz Parmentier en leur dicte navigation.

Seul à parmoy faisant regretz et plainctes
Contre Atropos qui, par mortelles poinctes
Des dartz agus ou son venin a mis,
A succumbé deux de mes bons amis,
Considerant de leur entrèprise
Là ou vertu et force estoit comprise
Ne sortiroit un si louable eflaict
Comme au vivant des deux frères eust faict,
Voyant aussi noz gens soudain mourir
Sans qu'on les sceust ayder ou secourir;
Et le patron qui du tout se dispose
De retourner sans plus faire aultre chose,
Mettant desia en despris et en hayne
Tout ce que aymoit le deffunct capitaine,
Son poure chien il ne povait plus veoir
Ne moy aussi, quoy que feisse debvoir
D'executer ses bons commandemens,
L'esprit vacquant en divers pensemens,

Il me souvient comme à la departie
Chascun prenoit congé de sa partie,
Et que je vey la nymphe Parmentier
Qui son espoux aymoit de cueur entier,
Faire un adieu si meslé de regrez
Que ce voyant un cueur plus dur que grez
Se feust fendu ou fondu comme cire.
Jamais ne vey adieu plus fort à dire :
Sa face blanche et de couleur rosée
Estoit de pleurs et larmes arousée,
Helas ! disoit la nymphe gracieuse,
Perdray je ainsi la perle precieuse
Que tant j'aymoys : mon espoux et amy ;
Je n'ay esté fors que un an et demy
Avecques luy qui me semble trop briet.
O dur depart, tant tu me feras grief !
Tous les plaisirs que j'ay prins jours et nuictz
Sont convertis en douleurs et ennuictz.
He mon amy, je n'ay plaisir qu'en toy,
Tu as dur cueur qu'il ne te chault de moy ;
Tout en un coup, je pers joye et doulceur.
C'est mon mari et ma benigne seur
Qui de nouveau est par mort succumbée.
O fiere mort, que ne m'as tu tombée ?
En son sercueil j'eusse esté bien heureuze
Et mise hors de peine douloureuze ;
Comment veulx tu tes deux enfans laisser,
Pour en pays si loingtain converser
Dont l'on n'a veu aucun faire retour ?
Desir d'honneur te faict faire ce tour
Que plust à Dieu que ton cueur si haultain
Feist à mon gré : tu prendroys le certain.
N'avons nous pas des biens à suffisance
Pour vivre ensemble en joye et en plaisance
Sans te donner tant de peine et soussy ?

Car bien souvent te voy presque transsy
Fantasie et tout melencolique
Du grant travail et soing ou tu aplique
Ton appetit par telle œuvre entreprandre.
S'il te plaisoit avec moy en gré prendre
Les petis biens que avons peu acquerir,
Tu n'yrois point aux Indes en querir,
Ne te exposer en un si grand danger;
Mais ton esprit est si prompt et leger
Qu'il n'a regard aux effectz de fortune;
Ne pense pas qu'el te soit opportune
A ton plaisir : elle est trop variable
Si autresfoys t'a esté amiable,
Au temps present te pourra estre adverse,
Et se ainsi est que ton œuvre el renverse
Pour augmenter ton travail et ta paine,
Tu seras mis en despit et en hayne
De tous ceulx là qui te flatent et dorent;
Et d'autant plus que haultement te honorent
Ils seront lors plus promptz à te blasmer;
Apres le doulx, tu gousteras le amer
Qui te sera un trop estrange metz.
Si tout ne advient ainsi que le prometz,
Helas! helas! encore n'est ce rien
D'y perdre temps ou son temporel bien;
Mais qu'en ce lieu te veisse revenir
Pour à mon gré te acoller et tenir !
Car je crains trop que mort ne nous separe,
Il m'est advis que desia el prepare
Les dardz agus pour contre toy gecter
Et qu'el te va en quelque lieu guetter
Là ou courir pour te ayder ne scauray
Et que jamais je ne te reverray.
Lors en plorant el l'acolle et embrasse
En luy disant : me feras tu point grace ?

Helas! nenny : bien voy qu'il est trop tard,
Les nefz sont hors, tu veulx faire depart,
Tes mathelotz te demandent et crient
Pour t'embarquer ; et puis les ventz te prient
Et leur desplaist que avec moi faictz sejour.
O pleust à Dieu, mon amy, que ce jour
Eolus feist, pour mon cueur contenter,
Le vent de ouest si rudement venter
Que les deux nefz vinsent frapper en coste,
(Pour ceste nuict seroys encor mon hoste)
Et de ce coup feussent toutes brisées !
Les corps saulvez, maintes nymphes prisées
Beniroient Dieu avec moy de courage
D'avoir rompu un si pesant voyage
Ou leurs amis se vont habandonner.
Il ne sçavoit quel confort luy donner
En luy voyant demener si grant deul;
Le cueur navré ayant la larme à l'œil,
Se repentant d'avoir faict l'entreprinse
N'eust sceu parler : car sa voys estoit prinse
Entre souspirs sortissantz de son cueur
Qui faisoient perdre alaine et vigueur.
Puis un baiser en fin luy a donné
Et un adieu aussi bas entonné,
Comme le son de dolente tenebre
Qui me donnoit un prezage funebre,
Ainsi qu'il est du depuis advenu.
De s'embarquer le temps estoit venu
Et nous fallut tout à l'heure partir ;
Mais comme aucuns m'ont bien sceu advertir,
La doulce nymphe à l'aultre capitaine
Ne souffroit pas moindre douleur ou paine
Mais encore plus : et luy semblablement
Au departir plora moult tendrement,
Et fauldroit bien un Virgille ou Homere

Pour declarer la grant douleur amere,
Les durs regretz, les plainctes, les tourmentz,
Les doulx baisers et les embrassementz
Que feirent lors ces deux loyaulx amantz;
On en ferait volumes et romantz.
Par quoy je dy que si au departir
On avait veu tant de larmes partir
De leurs beaulx yeulx que, à nostre revenuc
Lors que seroit la mort d'iceulx congnue,
Qu'on leur verroit mener grant desconfort
Dont à parmoy je les regretoys fort.
Ainsi pensif et melencolieux,
Pesant sommeil me feist clore les yeulx
Et Morpheus en forme de poesie
Se presenta devant ma fantasie,
Ainsi disant : ne te course ou indigne
De ce qui plaist à la bonté divine;
Pense tousiours d'acomplir son vouloir
Et metz regretz et deul à nonchaloir;
Le dieu Phebus par devers toy m'envoye
Pour te remettre un peu le cueur en joye.
Escoute moy : as tu point souvenance
Que quelque foys, par la mienne ordonnance,
Te feis songer que estoys sur le perroy
Plain de soussy et en terrible effroy,
En regardant ces navires bruller
Tous deux en rade et n'y sçavoys aller,
Ne trouver nul qui leur donnast secours;
Et du depuis, apres singler long cours,
Tu as songé à Dieppe estre arrivé,
Ou tu contoys à quelque un ton privé
Que retournez estiez sans rien faire.
Pour te advertir de ce doulent affaire
Je te faisois telles choses songer;
Car ce grant feu : actif, aspre et leger,

C'est la chaleur de fievre continue
Qui comme un feu est aux deux nefz venue
Prendre et brusler tes deux bons capitaines
Pour mettre fin à leurs œuvres haultaines.
Mais le bon Dieu ou estoit leur fiance
Ne permettra que au fleuve d'oubliance
Leur nom perisse ou meurt avec le corps ;
Son plaisir est que l'on face recordz
De leurs vertus de honnorable merite
Et pour loyer leurs deux ames herite
Lassus au ciel transformées en estoilles,
Là ou ilz sont de magnitude telles
Et de beaulté que Castor et Polus.
Ce nonobstant aucuns brouillars polutz
S'esleveront oultre ordre coustumiere,
Pour offusquer leur splendente lumiere.
Mais quoy : Phebus qui le ciel illumine
Fera tomber ceste obscure bruine,
Si qu'on verra ces deux astres celebres
Reluyre au ciel par nocturnes tenebres,
Car tout ainsi que un grand paintre parfaict
Un boys pourry tres salle et infaict
Faict sembler beau par un peu de paincture
Dont il y met bien tenue couverture,
Ou là dessus pourtraira un ymage
Si vivement qu'on luy fera hommage
Et qu'on dira : c'est une chose vive.
Mais si aucun en dispute ou estrive
Il congnoistra en bien faisant l'espreuve
Que là dessoubz c'est boys pourry qu'il treuve,
Semblablement aucuns adulateurs
Amadoueurs, invectifz detracteurs,
Feront couleur pour paindre un grant mensonge
De verité qui s'estend et alonge
Comme l'or fin qui est plaisant à veoir

Pour tous oyans tromper et decepvoir;
Et semblera que leurs parolles painctes
Soient veritez de l'evangile attaintes
Faisant ce bruit fluer en tous cartiers
Pour offusquer l'honneur des Parmentiers,
Le tien aussi dontbeaucoup souffriras;
Mais quant au vif picqué te sentiras
Il te fauldra alors la pique prendre,
Pour leur honneur avec le tien deffendre
Contre tous ceulx qui par excessifz blasmes
Veullent honnir des trespassez les ames.
Ce sont ceulx là qui leur donnoient louenges
En leur vivant plus qu'on ne faict aux anges,
Ce sont ceulx là qui leur command faisoient;
Fust bien ou mal, point ne les desdisoient
Mais plus disoient : monsieur, c'est tres bien faict,
Vous estes sage et homme tout parfaict
En ce faisant vous aquerrez grant gloire
Et si bon bruict qu'il en sera memoire
A tout jamais : tant que ton capitaine
Estoit faché de leur louenge vaine
Comme il t'a dit en privé plusieurs foys.
Et pour cela qu'ilz n'ont heu a leur choys
Ce qu'ilz pensoient avoir par leur blandisses,
Convertiront tous les biens faictz en vices
Et en diront du mal plus qu'on ne pense.
Mais tu seras leur escu et deffense
En soustenant tousiours la verité
Avec l'honneur qu'ilz ont bien merité;
Pourtant prens cueur : après toute souffrance
Tu reviendras en la terre de France.
Puis s'en alla prenant de moy congé
Et n'estoit pas encor fort eslongé
Que advis me fut que j'estoye en une isle
Plaisante à veoir, verdoyante et fertille,

10

Là ou croissoient plusieurs haultz arbres vertz
Qui portoient fruictz estranges et divers.
En ce beau lieu se assemblerent les dieux,
Les demys dieux venant de divers lieux,
Les heroes, les nymphes et driades,
Oreades et les amadriades,
Les hyamides et muses pegasides
Qui se assembloyent sur les ruisseaulz humides
D'une fontaine yssante d'un rocher.
Je n'osoys pas au pres de eulx aprocher
Car ils faisoient devises et carolles,
Et ne sçavoys entendre leurs parolles,
Qui les menoit ne qu'ilz venoient là faire.
Comme j'estoys pensif sur cest affaire,
D'entre eulx sortit la muse Polymnie
De grant beaulté et faconde munie,
Qui me jecta un regard de ses yeulx
Avec un ris begnin et gracieux
En adressant vers moy son petit pas,
Dont fuz honteux, car je ne sçavoye pas
Qu'elle eust de moy aucune congnoissance;
La regardant par grant esbahissance
Me retiray et ne l'osoye attendre,
Mais doulcement me vint par la main prendre
Et tout soudain, je me jecte à genoulx :
Susbout! dist elle, susbout mon amy doulx,
Faictz au seul Dieu honneur et sacrifice,
Je te congnoys : j'ay esté ta nourice
Semblablement aux deux bons Parmentiers
Qui ne sont plus en corps et ames entiers;
Tous troys vous ay en jeunesse traictez
Aymez, nourris, doulcement alaictez
Du fluant laict de mes blanches mamelles
Et congnois bien que pour eulz tu te melles,
Car ung amy doit pour l'aultre veiller.

Donc se tu veulx un petit resveiller
Le tien esprit pour escouter mon dire,
Tu y prendras matiere pour descripre
L'honneste pris et loyer qu'ilz ont heu
Par ensuivir honorable vertu.
Tous les haultz dieux qui sont en ce pourpris
Ont decreté que pour gloire et pour pris,
Leurs corps mortels tendans à pourriture
Transformeront en quelque aultre nature.
Du corps de Jean tiens toy tout informé
Qu'il est desia en palme transformé :
Hault exalte ses branches estendues,
Et en son tronc plusieurs cocques pendues
Orné, paré de mainte feuille verte
Dont est sa tombe ombragée et couverte;
Et tout ainsi que de sa fluant bouche
A distillé mainte parolle douche,
Le vert palmier distillera vin doulx,
Plaisant à boyre et agreable à tous ;
En ce palmier sera prins sucre et laict
Pour demonstrer qu'il estoit tout complect
En la doulceur de ornée rethorique,
Et tout ainsi que la palme on aplique
En ce pays pour voiles et cordages
Il s'apliquoit à faire longs voyages
Là ou cordage et voilles sont utilles;
Parquoy sera sur tous arbres fertilles
Aymé, prise ; des nymphes et des muses
Souvent viendront à tout leurs cornemuses
Horganes, haultz boys, harpes et espinettes,
Soubz ce palmier raisonner chansonnettes
Par bon accord et tres amoureux bien.
Lors que Phebus sur ce meridien
Fera son cours par la zone torride,
Faisant lascher à ses chevaulx la bride

Pour tost courir es mettes d'occident,
Ycy viendra maint heroe prudent
Prendre et gouster de son fruict savoreux :
Pans, egipans en seront amoureux
Les reverans de honorable sculpture
En ceste isle ou gist la sepulture.
Le corps de Raoul qui jecté fut en mer,
Pour demonster qu'il est digne de aymer
Et que à tousiours il en soit mention,
Les dieux marins en grant convection
L'ont recueilly ainsi que leur affin
Et transmué en un leger daulfin,
Pour tost nager par ceste mer sallée
Et advertir mainte barque et gallée
Du mauvais temps et tempeste advenir
Pour à leur cas soigner et prevenir
Et leur monstrer aussi en quel saison
Les divers ventz sont en leur mueson ;
Et s'il y vient des navires de France
En les gardant de peril et souffrance,
Les conduira hors de bancz et bastures
Pour eviter toutes pertes futures ;
Et pour enseigne aux navigans jolis
Le beau daulphin porte la fleur de lis
Dessus son chef, et au dos la croix blanche :
Monstrant qu'il est d'une contrée franche.
Et ceste mer ou il faict demourée
Du nom des deulx doibt estre decorée,
Se plus Francoys vient en ceste frontiere
Il nommera ceste mer Parmentiere
Et en fera memoire a tout jamais.
En ce disant, et voicy un grand metz
Qui vient frapper en hanche du navire
Si rudement que sur le costé vire
Et fus jecté du coup hors de mon lict.

Se j'avoye prins en songeant grant delict,
Au reveiller je euz cent foys plus de peur :
D'une heure apres n'estoys pas bien asseur,
Mais quant je fus un petit revenu
Memore en feis comme il est contenu
En cest escript, priant tous clers voyans
Qui le liront ou le seront oyans,
Me pardonner se j'ay faulte commis
En priant Dieu qu'il mette noz amis
En paradis ou n'a faulte de rien
Cy feray fin : à Dieu, tout vienne à bien !

FINIS.

Tout vienne à bien !

PIERRE CRIGNON.

EPITAPHIUM JOANNIS PARMENTEIRII

qui in Samothracia periit

PER GERARDUM MORRHIUM CAMPENSEM

HEUS! heus! siste gradum, rogo, Viator,
Classi velivolæ, ac parumper audi.
PARMENTEIRIUS heic jacet sepultus
Qua Samum Icarium alluit fluento,
Gens inhospita, patria remota
Multum, (sic placuit necessitati
Fatorum, rigidis sororibusque)
Naturæ undique dotibus begnignis,
Exquisite adeo manuque plena
Instructus, Genio favente et alma
Junone, ut merito omnibus stupendus.
Ille, inquam, numeros sciens et astra
Ad unguem usque adeo, ut secundus illi
Vix quisquam veterum repertus, ille
Qui vastos toties maris profundi
Fluctus, et Siculæ vias Charybdis
Sulcavit, fragili suam phaselo
Committens animam, tridentis ausus

Neptuni imperium æstimare nauci,
Hic summum patriæ decus theatri
Curis, tristitia (velut Trophoni
Egressos latebris modo retrusis)
Confectos toties nitore læto
Vultus in teneros sibi cachinnos
Pellexit : valuit lepore namque
Tantum candidulo facetiisque
Ut vel semianimem excitare Crassum
Ac tristes salibus suis Catones
Ad risum facile potîsse credam.
Hinc factum, ut toties sui nepotes
Per thermas, fora, composita, et tabernas,
Extinctum columen suæ requirant
Urbis, ac lachrymis fleant obortis.
Hæc scires volui, Viator, ac jam
Recta quo properas abi, sed heus tu
Fac Christum assiduo roges Jesum
Æterna ut superum hic fruatur aura.

APPENDICE

LE

GRAND INSULAIRE ET PILOTAGE

D'ANDRÉ THEVET

ANGOUMOISIN, COSMOGRAPHE DU ROY, DANS LEQUEL SONT CONTENUS
PLUSIEURS PLANTS D'ISLES
HABITÉES ET DESHABITÉES ET DESCRIPTION D'ICELLES

— · — — —

(L'isle de Haity ou Espaignole, l'isle Beata et les isles du Chef de la Captive.)

ISLE DE HAITY OU ESPAIGNOLE

. La diversité des noms qu'on a baillé à ceste isle, a mis plusieurs en peine, qui, s'amusans à l'escorce (comme l'on dit) ont laissé ce qui estoit de rare, exquis et recommandable en Haity espaignolisée. Cela a fait qu'encores que je n'eusse trop grande envie m'amuser à telles scrupulosités, neansmoins, pour lever le lecteur hors d'œuvre, j'ay bien voulu icy luy proposer la pluralité des noms qui ont accompaigné l'isle de laquelle je. pretens presentement discourir. Les premiers donc qui vindrent habiter ceste isle, sortirent de l'isle Matitinà, non gueres esloignée de Haity, vaincus par les partisans de la lignée qui estant victorieuse, demoura aussy dame et maistresse de Matitinà (regie par la quenouille, d'autant plus que là non plus qu'à Stalimene on veut que les masles n'y hantent point) et les autres

furent forcés se retirer en nostre isle qui auprès de Matitinà
sembloit estre un monde entier, à cause de sa grandeur, et pour
ce l'appeloient-ils Qisqueia qui signifie le tout, estimans par ce
qu'ils ne pouvoient si tost voir son bord, fin et limites, que ce
fut tout le continent du monde et que Matitinà ne fut qu'une
parcelle et eschantillon du fotage de Qisqueia. Puis passans
plus oultre, et voyans quelques montaignes gravissantes avec
des rochers aspres et pleins de precipices appelerent ceste contrée Haity, qui est autant dire qu'aspre et raboteux. Puis enfonçans
davantaige, et voyans des montaignes ressemblans à une autre
qui estoit en leur isle originele d'où ils estoient sortis, nommée
Cipangi à cause des pierres, d'autant que Cipan signifie pierre,
donnerent aussy à ceste isle ce nom de Cipanga pour ce qu'elle
estoit pierreuse. Finablement, Christophle Colomb genevoys
l'ayant descouverte en l'an de Nostre Seigneur mil quatre cens
quatre vingts douze luy changea de nom comme estant à demy
espaignolisée et voulant favoriser son maistre, l'appela Espaignole. De maniere que vous voyés qu'il y a trois raisons sur
lesquelles est appuyée la multiplicité des noms de ceste isle.
La premiere sur l'estrange grandeur qu'avoient remarqué en
icelle ses nouveaux habitans. La seconde sur le respect que
portoient ces Barbares à celle qui les avoit esclos et nourris, la
memoire de laquelle ils cherissoient de toute façon qu'encores
que la fertilité d'Haity surpassa de beaucoup celle de Matitinà
pour illustrer et priser davantaige leur pays originaire, le renou-
vellerent et le replaçonnerent dans les vergiers de ce pays quis-
queien. La troisiesme doit estre fondée sur ce que Colomb ne se
contenta d'assujetir souz l'empire espaignol ceste isle et la re-
peupla d'Espaignols, sçavoir de plusieurs bandoliers des monts
Pyrenées, de meurtriers, de bannys, maranes, mores de Barba-
rie et d'autres lieux d'Afrique. Depuis, estant la guerre ouverte
entre les princes Chrestiens, ayant pris sur mer ou sur terre,
François, Italiens, Anglois ou Alemans, les faisoient conduire
liés et enfermés plus inhumainement que les Arabes, Turcs et
Tartares, à leurs isles nouvellement conquestées. Les Portugais

n'en ont moins faict le temps qu'ils avoient vent en poupe. Depuis lequel desastre l'isle fut nommée Sainct Dominique pour ce que la ville principale d'icelle fut ainsi nommée.

Or, afin que plus distinctement et mieux à propos je puisse discourir des singularités les plus recommandables de ceste isle, je suis bien contant icy commancer par la description de son assiette. Aucuns luy baillent en longueur cent cinquante lieües depuis la pointe du Higney qui est à l'est jusques au cap de Tiburon qui est à l'ouest ; en largeur de la plage de la Nativité jusques au cap de Lobos ou des Loups, cinquante lieües du nord au sud, encores qu'à la verité je sçache, l'ayant costoyée à mon retour, qu'elle n'a que cinquante trois lieües de longueur et quarante sept de largeur ; estant posée au troisiesme climat et septiesme parallèle, gisant dès le dix septiesme jusques au vingt deuxiesme degré de latitude, dès le trois cens septiesme jusques au trois cens treiziesme degré de longitude. Et ainsi sa longueur est de l'est à l'ouest et sa largeur du nord au sud. Vers l'est, elle regarde l'isle nommée de Sainct Jean et plusieurs autres fort redoutées de ceux qui font voile en ceste contrée. A l'ouest, elle avise les isles de Cube et Jamayque et du costé du nord les isles des Canibales ; vers le sud, elle regarde de droit au goulfe d'Urabe et cap de Veles qui est en terme ferme du Peru en la province de Saincte Marthe. De feindre que sa figure soit semblable à une feuille de chastaignier, c'est se laisser tromper à credit et se tourmenter à des speculations vaines. Ceux qui ont esté en Sicile demeureront (je m'asseure), d'accord avec moy, que pour mesme occasion, à l'une et à l'autre doit estre attribué le nom de Trinacrie, parce que tout ainsi qu'il y a en Sicile trois promontoires fort eminens et aisés à descouvrir par les navigeans, aussi Haity en a trois bien fort avançans en la mer ; l'un se nomme Tiburon du nom d'un poisson fort dangereux duquel j'espère, si l'occasion s'y adresse, ailleurs vous discourir. Le deuxiesme est le cap d'Higney et le troisiesme Lobos comme s'il se nommait le promontoire des Loups lequel est du costé d'une isle que les Espaignols ont appelée Heureuse. Quant aux departemens qui ont esté faicts de cesteisle, je me deplais de telle varieté, pour autant qu'aucuns l'ont escartelée en quatre parties par quatre grandes rivieres qui ont leur source des monts Cipangi asçavoir Immà, Altibunico, Naptà et Iacche, quoiqu'oultre ceux là il y ait Damayan et Ozamà. Les autres la divisent en cinq provinces principales, asçavoir celle de Caizimù qui, en la langue de la contrée, signifie chef ou commencement et abboutit vers le midy avec le fleuve Ozamà qui est nommé par aucuns Maïbe et par les autres Ozane, lequel passe par la ville de Sainct Dominique qui est metropolitaine de tout le pays. Au nord, elle a les montaignes très hautes d'Haity. La seconde contrée est nommée Cubaho qui est entre les mons susdits et un fleuve appelé Jaciga. La troisiesme se nomme Cajabo, laquelle embrasse tout cest es- pace qui est entre Cubaho et le fleuve Iacche et s'estend jus- ques aux mons de Cibani, où naist le fleuve Neiba lequel du costé du sud va se descharger en la mer. La quatriesme pro- vince est appelée Bainoa et commance aux limites de Cajabo, s'estendant vers le nord où est le fleuve dict Bagaboni et où les Espaignols firent leur premiere demeure. Le reste est vers ouest et s'appelle la province Guaccaiarimà, qui signifie comme autant que les fesses, comme si ce pays estoit le derriere de ceste isle. Quoy que soit, moiennant qu'on fust bien d'accord du compas et de l'estendüe de ceste isle, ce seroit bien beaucoup. De ma part, afin que je ne semble estre par trop adherant à mes conceptions, je ne feroie pas grande difficulté de donner de cir- cuit à ceste isle quatorze cens mil ce qui reviendroit à trois cens cinquante lieües de quatre mil pour lieüe selon le recit que nous en firent quelques pilotes et Espaignols accompagnez de trois vieux esclaves qui se vantoient avoir demouré dans l'isle plus de vingt quatre ans et en donnoient très bonnes enseignes dont le capitaine Testu avec lequel j'estois, qui avoit pris leur navire ayant faict discourir ces pauvres prisonniers, ayant pitié d'eux leur donna congé sans autrement les offenser, ayant prins leur navire et eux de bonne guerre. Sur ce propos, un certain Anglois ceste presante année mil cinq cens quatre vingts six, au retour du voyaige du capitaine Dracq, a faict courir le bruit et donné des memoires d'une part et d'autre du saccagement qu'on fait les Anglois en l'isle Espaignole, raconte ce discours par les memoires qu'il a donné d'une part et d'autre, estimant autorisé le voyaige dudict Dracq, que ceste isle de laquelle je parle peut avoir quelques cinquante lieües de tour, à quoy s'est trompé le pauvre Anglois et tous ceux qui le luy ont donné à entendre qui m'a donné argument de croire que tout ce qu'il avoit descrit de ce voiage estoit faux aussi bien que ce qu'il a recité des isles du cap de Vert et d'autres endroits que je pourray reciter venant la matiere et sujet à propos. Vrayement ce bon Anglois est bien esloigné de son compte de trois cens cinquante lieües que peut avoir l'isle de tour la suppute et reduit à cinquante. Quant à sa longueur, par le mesme recit que nous firent nos prisonniers, nous assurerent qu'elle avoit pour le moins de longueur quelques six cens mil qui seroit venir au point de ceux qui la font longue de cent cinquante lieües; car comme si la figure n'est point si justement examinée qu'on doive prendre precisement la mesure au milieu sans tergiverser en quelque chose du droict fil et transperçant en droite ligne les montaignes ne se trouvera qu'elle soit plus longue de soixante et seize lieües; mais si on vouloit chevaucher et arpanter toutes les montaignes et levées qui y sont, je ne fais aucun doute qu'à peu près on n'y puisse trouver les cent cinquante lieües.

La ville capitale de l'isle et qui (ainsy que j'ai cy dessus desià touché) a honoré toute l'isle de son nom est Sainct Dominique à l'endroit de laquelle isle est la plus peuplée. Son premier fondateur fut Barthelemy Colomb gouverneur de l'islé par les moyens que je deduiray après que j'auray ramenteu l'ordre et assiette des villes depuis la premiere forteresse jusques à la derniere laquelle est bastie et posée sur la mer. Depuis la ville d'Isabelle (bastie et fondée l'an MCCCCXCIII sur la coste du nord de l'isle par Christophle Colomb au second voiage qu'il fit de par de là) jusques à la forteresse nommée

Esperance, y a douze bonnes lieües. Depuis l'Esperance jusques
à Saincte Catherine, huit; de là jusques à Sainct Jacques, sept;
de là jusques à la Conception, sept; de ce lieu à Bonan, six; de
Bonan à Sainct Dominique, on y comte demye lieüe. Or la ville
de Sainct Dominique fut bastie par le moyen et adresse d'un
jeune Espaignol du pays d'Arragon, nommé Michel Diaz qui
s'estant retiré d'Isabelle, crainte d'estre apprehendé et justicié à
cause d'un meurtre qu'il avoit commis en la personne d'un
sien ennemy, fit sa retraite à l'endroit où est aujourd'hui Sainct
Dominique. Là si familierement s'apprivoisa d'une dame Indienne qu'il eut d'elle deux enfants au bout de quelques
années, et tellement la captiva qu'elle le pria de venir demourer
avec les autres Espaignols laquelle tant de goust trouvoit-elle en
ce personnage que pour l'amour de luy elle les caressoit grandement, et luy descouvrit les mines d'or qui sont à sept lieües
de Sainct Dominique. Tant d'honestetés luy presenta qu'il fut le
plus contant du monde de ne l'esconduire point, prevoyant
que la descouverture qu'il feroit à Barthelemy Coulomb de ces
thresors luy silleroit les yeux de telle façon qu'il ne seroit do-
resnavant pris, ne recogneu pour un meurtrier. Bien devina il,
d'autant que ces bonnes nouvelles servirent à l'octroi de sa
grace et remission, et firent marcher le gouverneur Coulomb
droict à la rivière d'Ozama à l'emboucheure de laquelle il
arriva le cinquiesme jour d'aoust, un dimanche jour de Sainct
Dominique l'an mil quatre cens nonante quatre et commença
à fonder la ville de Sainct Dominique sur la riviere occidentale
d'Ozama par ce qu'il ne vouloit deschasser ceste dame Indienne
(qui depuis fut baptisée et nommée Catherine) ni les autres
Indiens qui y habitoient; et nomma ceste ville du nom de
Sainct Dominique, tant à cause du jour qu'il y estoit arrivé que
pour l'amour de son pere et de l'amiral Christophle qui s'appel-
loit Dominique. Maintenant, elle est assise vers la part du sud
où le commandeur Dom Nicolas d'Ovando la remüa pour y
faire venir l'eaue d'un fleuve nommé Houcia, qui est à trois
lieües de là et accommoda la ville pour ce que l'eaue d'Ozama

n'est pas bonne à boire à cause des marests qui y entrent et la rendent salée. Qui voudroit icy entrer en lice pour donner une carriere dans le champ de la fertilité de l'isle Espaignole y auroit beau moyen de discourir sur l'abondance des richesses qui y est remarquée par les historiens qui l'ont prisée jusques là que n'ont point craint d'escrire qu'elle ne doit rien en fertilité à la Sicile et Angleterre; pour preuve de quoy ont accoustumé de dresser estat des mines d'or et graisse du terroir. Ce qu'il faut nean-moins entendre avec discretion d'autant que tout ainsi qu'ailleurs l'aridité et secheresse du terroir est grandement prejudiciable, aussi la trop grande graisse luy est tellement dommaigeable que le grain ne vient si bien à la campagne où la terre est fort grasse qu'il fait es collines et es montaignes. Cela fait que je ne prise pas tant cette isle à cause de l'uberté du terroir attendu que je trouve que les Espaignols qui y sont habitués sont si lasches qu'ils ne daignent cultiver les terres ou les vignobles, aymans beaucoup mieux (peut estre) s'entendre aux grands gains qu'ils font pour le trafic du gingembre, de la casse et du succre qui y a esté eslevé depuis que les Espaignols eurent descouvert ceste isle, lesquels y en porterent des isles Canaries et en planterent. Le premier qui y en planta fut Pierre de Atienza et le premier qui en tira du succre fut un Michel Vallestero de Catalogne chastellain du bourg de la Vega. Mais le premier qui les mit en œuvre (combien que quelques autres en eussent desia tiré du succre) ce fut un nommé Gonzale de Velosa lequel, à ses propres despens, fist venir des maistres ouvriers de l'isle de Palme et fit faire un moulin à succre sur le bord de la riviere de Nigua; et depuis, plusieurs autres à son exemple. Je pourroie pareillement icy ramentevoir la grande foison du bestail qu'on y a transmarché d'Espaigne tant grand que petit qui y est creu de telle sorte que pour l'infinité du nombre, on en a laissé devenir une grande partie sauvage qui est cause que la chair y est fort à vil prix et les chevaux à grand marché. Mais par ce que l'industrie des Espaignols qui y sont survenus semble avoir enfanté ceste accidentelle

11

fecondité, je suis bien contant de m'arrester aux singularités naturelles de ceste isle qui (tant sont merveilleuses) outrepassent beaucoup la nature. En la province qui est vers l'est que nous avons appellé Caizimù, on voit à un demy quart de lieüe de la mer, un mont très haut avec une très profonde et très grande spelonque, l'entrée de laquelle est faite toute ainsi que la porte d'un superbe et magnifique palais et dedans ceste caverne, on oit engoulpher des fleuves avec si très grande vehemence que le bruit en retentit plus loin que deux lieües françoises. L'effort en est si grand que, si par trop grande curiosité, quelcun en approche et s'y tient trop longuement, il est en danger d'en devenir sourd.

De ces fleuves se degorgeans dans ceste grotte, naist un grand lac duquel sortent de gros bouillons et flots d'eau qui retournent comme en eux mesmes, vomissent et rengloutissent leurs eaux sans cesse. A quelques quinze lieües de S. Dominique et comme vis à vis d'icelle, aussi sur une très haute montaigne, il y a un lac d'eau douce, abondant en diverses especes de poissons, ayant d'entour environ trois quarts de lieüe, fait en rond et tout clos de la hauteur de la susdite montaigne de laquelle rejaillissent et saillent diverses sources d'eaux très claires et très douces et bien que tout aux entours du lac, il n'y a que roches et cailloux aspres et steriles, si est il que les bords du lac sont herbus et verdoyans en toute saison. Icy, ne puis je sans faire tort à la presente histoire taire les raretés esmerveillables du lac d'eau salée qui est en la province septentrionele que nous avons appellée Bainoà, long de sept lieües et davantage, large de trois ou environ lequel ceux du pays appellent Hagueygabon et les Chrestiens mer Caspie, à cause que d'iceluy ne sort aucune rivière quoyque plusieurs courent dedans ce lac. Toutesfois n'est pas hors de vray-semblance qu'il s'evapore par sous terre et par les veines secrettes d'icelle, attendu que l'on tient pour chose très asseurée que la mer entre par les pores de la terre ou par des canaux sousterrains dedans ce lac pour ce qu'on y trouve

des poissons qui naturelement ne vivent ailleurs que dedans
la mer. Au milieu d'iceluy est l'isle de Guarizaca où se retirent
les pescheurs pour faire leur proffict du poisson qui y fraye
à très grande foison. Bien près de ce lac, y avoit un vallon
long de quelques vingt cinq lieües de l'est à l'ouest et large de
six du sud au nord près duquel il y en a encores un autre qui
redouble presque en etendue qu'on appelle la province de
Maguanà en laquelle il y a un beau lac d'eau douce près lequel
se tenoit le cacique Caramatexio s'adonnant à la pescherie
avec plusieurs autres Indiens qui y avoient aussi des maisons.
Ce lac est fort estimé à cause du poisson Manatj duquel cy
après aurons meilleure commodité de discourir. De mesme
est fort recommandable le fleuve Bahuan qui est en la province
de Bainoà et passe par le milieu du pays de Maguanà, qui
prend sa source au pied d'une haute montaigne. Il est salé
comme l'eau de la mer dans laquelle il s'engorge sans perdre
aucunement son goust salé encores que plusieurs autres rivieres
et fontaines très douces y entrent. Gueres loin de là, sont les
montaignes Diagons assés celebres pour le sel très dur et
aussi transparent que cristal qu'on y cave, duquel se servent
les Indiens à faute de celuy qui se fait de l'eau de la mer. C'est
chose estrange et presques incroyable des merveilles qu'on
attribue à quelques fontaines qui sont en Guanamà et Gua-
ziaguà parcelles de la province nommée Caizimù; l'eau desquelles est douce et savoureuse au dessus et en la surface,
au milieu elle est salée, et au fond très amere. Sur quoy
plusieurs se sont aventurés d'en gasouiller peut estre plus
hardiment que vrayment, voulans d'une trop effrontée curiosité
fouiller les secrets, vertus et proprietés cachées dans le cabinet
de nature. De plusieurs cayers de papiers me faudroit engrossir
ce discours, si je vouloie deschifrer par le menu ce qui seroit
necessaire pour la description des oiseaux, poissons et bestes
qui sont en ceste isle. Ne sera pas qu'avant quitter ceste coste,
l'opportunité ne se presente de pouvoir en toucher quelque
mot. Cependant nous reprendrons la route d'Ozane qu'aucuns

appellent la riviere de Sainct Dominique par ce qu'elle passe
par la ville de S. Dominique qui comme estant la principale
de toute l'isle a aussy donné son nom tant à ceste riviere
comme à toute l'isle. Or ceste riviere est belle, grande et bien
gayable au dedans de la quelle peuvent se ranger et mouiller
l'ancre mil navires en toute seureté, quant bien il feroit le plus
mauvais tems du monde. Sur tout, se doit on garder de
l'entrée de la bouche de la riviere emmurée de grandes et très
dangereuses battures du costé de l'est. Et au milieu de ces
battures, il n'y a que deux ou trois pieds d'eau qui fait que
pour entrer en ceste riviere, il faut s'esloigner un peu de ces
battures en prenant la sonde, et quant vous trouverés trois
brasses d'eau, vous serés au milieu de la riviere, puis approcherés
bien près du chasteau avec bonne garde, et tousjours par le
milieu du canal. Et quant il est temps de pluye, l'eau courant
hors de la bouche de la riviere, il faut que teniés vostre ancre
avec bons cables pour mouiller et mettre bas toutes vos voiles,
car vous vous perdriés.

Ceste isle Espaignole a dix villages d'Espaignols et une ville
qui s'appelle Sainct Dominique qui peut avoir cinq cens Espaignols et mille negres captifs desquels les Espaignols se servent pour la pluspart comme de pauvres esclaves, usans de fort
grans cruautés à l'encontre d'eux. La plus grant part d'eux sont
gens de guerre, fort riches d'or, d'argent et de beaucoup de
bestail qui fait qu'ils font plus grand traffiq de cuirs que non pas
de la chäir qui est là moins prisée que la peau. Les commodités
de la ville de Sainct Dominique sont bien telles que comme elle
est assise en une belle planure, ayant l'Ozama au nord et
la mer au sud, du costé d'est et nord elle s'estend en edifices
assés beaux et rües fort larges, de sorte que les vaisseaux surgis-
sent jusques auprès des maisons, si bien que jettant un pont, on
peut aisement mettre ses denrées dans des barques. Les Anglois
se vantent qu'après l'avoir à demy ruinée, bruslée, saccagée
ils pillerent les thresors tant des temples que des maisons des
marchans et autres et tüerent plusieurs personnes, entre autres des

religieux et deux jesuistes bruslés dedans l'eglise et coururent
après en plusieurs endroits pour en faire autant. Mais Dieu
ne le permit, ains s'embarquerent à leur grand honte et confusion. Or c'est au plus si elle peut contenir (comme je viens
de dire) cinq ou six cens feux. Comme c'est le Paris de ceste
isle, elle est aussi erigée en evesché et y a plusieurs eglises
tant collegiales que cathedrales et convens des Cordeliers et
Jacobins. Si ailleurs j'avois commencé à deduire le gouvernement et administration politique des isles, je seroie fort
contant d'entrer icy au discours du reglement de la justice
qu'on maintient en ceste isle. Toutesfois pour ne faire bresche
à ce que j'ay desià commencé, je sursoieray à rementevoir ce
qui agreeroit fort au lecteur tant pour la nouveauté que pour
la verité et rectitude des advertissemens que j'en puis avoir
par devers moy. Quant aux mœurs et façons de vivre des
Haitiens, j'entens les separer de l'ordre, liste et categorie des
Espaignols, lesquels ne sont pas autres qu'ils estoient lorsqu'ils
demouroient en Espaigne, selon le dire du poëte que ceux qui
seillonnent bien avant la mer, ne changent point leur entendement ains seulement le ciel, giste et zenit.

En la contrée de Guaccajarimà, sont des sauvages, lesquels
aucuns de nos peintres assés mal advisés nous representent
veslus, bien que (comme j'ay remarqué au dixiesme chapitre
de ma Cosmographie) c'est se laisser donner des balivernes à
credit de croire que ces sauvages naissent ainsi velus. Je sçay et
en ay vu aucuns nés fraischement aussy beaux, polis, et ayant
la chair aussi belle, blanche et fraische que ceux qui naissent
par deçà. Et y a bien plus que si tost qu'ils aperçoivent quelque
poil ou cheveul, ils se l'arrachent ou pincettent. Ces pauvres
sauvages sont sans loy, roy, ny seigneur plus brutaux que
malicieux ; sont si legiers à courir qu'ils semblent des cerfs et
n'ont encores peu estre reduits sous l'obeissance d'aucuns seigneurs. Le reste des Haitiens est de son naturel le peuple si
très oisif, que Pierre Martyr raconte que telle est leur fai-
neantise qu'ils ayment mieux roidir et transir de froid l'hiver et

vivre oiseusement que faisans quelque chose et prendre peine de faire quelques vestemens et s'armer contre le froid. Ils ont la plus belle commodité du monde d'autant que les forests sont pleines d'arbres faisans le cotton. Et c'est pauvres gens qui n'estans accoustumés au travail n'ont aussi peu subsister aux charges que leur donnerent les Espaignols dès qu'ils eurent mis pied ferme en leur isle. De fait, les contraignoient ils d'estre tout le long du jour au soleil ou par les monts à cercher de l'or ou le long des fleuves à cribler les sablons. Si bien les ont accablés que de neuf cens mil personnes dont on faisoit estat quant les Espaignols asseugnirerent ceste isle, la pluspart fut en peu de tems evanoüie ; aucuns d'iceux estans morts par le travail, les autres aymans mieux sortir hors de ce monde que d'estre bourrelés de telles et si extremes oppressions, se firent mourir euxmesmes, et les autres qui estoient restés de peur de bastir de nouveaux esclaves aux Espaignols, ont mieux aimé se contenir et n'avoir aucune accointance avec les femmes. Il y a bien plus, que les femmes se sentant grosses et empeschées ont usé de ne sçay quelle herbe avec laquelle elles se faisoient escouler et avorter le fruit qu'elles avoient au ventre.

Entrant en ceste isle de Sainct Dominique du costé de l'est, il y a une isle qui s'appelle la Savane, rase de sable qui n'a point d'arbres, ny fruit. Ladicte isle est posée près d'icelle pointe, sans avoir aucun passage pour entrer en terre ferme et y fait bon mouiller l'ancre du costé d'ouest à huit et dix brasses. La terre la plus prochaine d'icelle isle est du su est qui ne donne aucun fruit et n'y a sinon arbres, forests, sangliers, oiseaux, rochers et battures du long de ladicte coste. A cinq lieües de là, il y a une autre isle nommée Saincte Catherine qui est à vingt cinq lieües de Sainct Dominique du costé de l'est, à une lieüe de terre ferme, toute enrochée de bancs et battures. Toute ceste terre ferme depuis le premier cap est tout ainsi deserte ; mais le pays de Liogame est beaucoup plus fertil et plantureux. A Port Neuf où de present se fait le commerce et traffiq sur le bord de la mer, distant une lieüe du propre lieu de Liogame, il y a une petite maison basse avoisinée d'arbres, couverte de feuilles de palmiers ; vous pouvez en approcher jusques à la portée d'une arquebouse et mouiller l'ancre à huit brasses d'eau ayant son fonds de sable et vaseux. De ce lieu, se void une brave coste et fort plaisante qui se range à l'est, puis en l'est un quart de nord est jusques au goulfe de Chezagona distant de Liogame environ cinq lieües. Là habitent Espaignols riches et pauvres. Les riches tiennent grand nombre d'esclaves qu'ils marient pour les faire multiplier et les employent au labourage, succreries et vacheries, à tuer les bestes, accoustrer les cuirs, secher les chairs et aux pescheries. La charge des femmes esclaves est de mesnager en la maison, faire fromages, pain et peu de beurre à raison des grandes chaleurs ordinaires en ces regions. Les Espaignols ny leurs femmes qui ont moyen, ne font que ce qu'ilz veulent. Ilz ont si grand nombre de bestail que c'est merveilles. Car tel personnage y a qui tient plus de vingt ou vingt cinq mil bœufs et vaches et grandes troupes de moutons, chevres, pourceaux, mules, mulets, chevaux, jumens et asnes qui sont de bon service. Tout cela demeure et se nourrit aux champs et forests, sans garde ny dangier aucun, d'autant qu'en l'isle ne s'engendrent aucunes bestes sauvages qui leur facent nuisance ny dommage. Les esclaves ont seulement le soin de les aller visiter pour marquer les nouvellement nés de la marque de leurs maistres. Ils sont volontiers plus assidus et cueuillent plus de proffict de tous ces mesnagemens que des mines, encores qu'il s'en puisse tirer de l'or. Depuis nagueres, l'on a descouvert aux montaignes des minieres de cuivre et airain d'assés bon rapport et commodité. Quant au port et goulfe de la contrée de Chezagona, c'est bon pays plat et autant bien accomodé de bastimens et abondant en pasturages et richesses d'animaux que celuy de Liogame. Il est arrousé d'une très belle riviere et s'estend bien avant entre deux montaignes qui courent selon l'est environ vingt cinq lieües. Dans le goulfe, il y a plusieurs islettes pleines d'arbres de diverses sortes, entre autres qui portent casses et fistules. Ce pays comme aussi celuy de

Liogame est decoré de belles eglises faites de bois, desservies par prestres seculiers et moynes des quatre ordres des mendians fort devotieux en religieux et leurs cerimonies et services, tenans la façon et usage de l'eglise Romaine. Ils vont querir leur cresme et faire benir leur linge ecclesiastique à la ville de Sainct Dominique, capitale de toute l'isle Espaignole, esloignée par terre desdicts lieux de Liogame et de Chezagona (dont j'ay par devers moy les portraits que je fais estat d'un jour publier en ma Cosmographie), quelques quatre vingt lieües. Là aussi est erigé le siege et ressort de la justice.

Pour advertissement de l'entrée de la riviere de Sainct Dominique, il y a une tour blanche qu'on ne peut voir sinon quant l'on est à l'entrée de la barre venant du costé de l'est. La dicte riviere est faicte à la bouche, en maniere d'une grande baye. Depuis l'entrée d'icelle riviere jusques à la ville, il y a une grande portée de canon. Ladicte baye contient cinq brasses de fond à toute mer basse : mais pour la grande force de l'eau qui descend d'icelle islè faut tirer aux cables. La ville de Sainct Dominique est faite sans murailles sinon du costé de la mer, qu'ellè est posée sur une roche avec une grande forteresse à l'entrée, faite de petites tours basses, forte et imprenable. Dedans la terre, n'y a point de murailles, sinon d'arbrisseaux sauvages sans aucun proffict. Du costé de la riviere, à l'entrée de la ville, du costé de la terre, y a l'eglise qu'on appelle Saincte Barbe où l'on enterre tous les mariniers quand ilz meurent sur les navires. Et est ceste eglise au bout de la rüe principale et de l'autre bout de la rüe de la coste de la mer est posée la grande eglise de la dite ville, et au milieu de la dite grande rüe est la place du marché. De l'autre costé de la terre croisant la ville, y est le monastere de Sainct François. De ceste ville de Sainct Dominique, il y a traictes par tous les lieux contenus dans le pays où vous voudrés aller.

ISLE BEATA

Partant de la ville de Sainct Dominique pour tirer le long de la coste, chassant à l'ouest, ce ne sont que battures jusques au port d'Ancone qui en est esloigné à quatorze lieües du costé d'ouest ; et y fait bon mouiller l'ancre tout le long de ceste terre sans aucun dangier. Et comme il y a bon rafraichissement, tous les navires et flottes qui viennent, se rafraichissent là, d'eau, de boys et de vivres. En ceste baye, il y a quelques pressoirs et moulins à succre de fort grand raport et belles prairies avec inestimable quantité de vaches, chevaux et chiens sauvages ; seulement font ils estat du cuir et laissent manger la chair aux chiens. Les esclaves ont le maniement de toutes ces facientes, et si manque rien du devoir qu'ils doivent à leurs maistres, ilz sont salariés et payés de la dragée commune des esclaves, sçavoir bastonnade à la Tartaresque ou à la Moresque. Je me suis laissé dire à un marane Espaignol naturalisé de l'isle, que pour un Espaignol se trouvoient deux cens esclaves qui n'attendoient qu'un chef pour se revolter, comme de son temps firent ceux de la province d'Uraba et d'autres, desquels je vous parlerai icy après. Or, à huit lieües du bout de la mer, il y a une haulte montaigne appelée la Mine ainsi nommée pour ce que c'est une vraye mine d'or, toutesfois encore qu'il y en ait une grande quantité, les Espaignols ne s'y veulent amuser parce qu'il y a plus de gain à recueillir les fruicts de la terre. Ceste montaigne se voit de bien loin venant de la mer du costé du sud. Partant de ceste isle pour aller le long de l'isle Espaignole, fixant à ouest, il y a une grande montaigne du long de ceste coste qui est nommée les Pedrenas laquelle est chargée de forests et arbres qui pour la pluspart sont infructueux. La coste est fort dangereuse pour les navires à cause des battures contenans dix lieües, auprès desquelles vous trouvés une grande riviere sur le rivage de laquelle il y a un petit village nommé Hassoa où il y a aussi quelques moulins à succre de grand revenu. Sortant d'icelle riviere pour aller plus outre, du costé d'ouest, il faut mettre le **t**ap du navire au sud sud ouest pour monter à nostre isle laquelle j'estime qu'on a donné le nom d'Heureuse parce qu'elle ne produit les allechemens des richesses qui ont accoustumé de causer le malheur des hommes. De fait, c'est une isle rase, sans aucuns arbres, ny montaignes, ayant tant seulement un petit hauturon comme une seule maison. Ce ne sont que rochers et dangereux pays. Elle est à une lieüe de terre ferme, et y a passage pour un homme qui, à la routine, a apprins la seureté du pays, mais faut bien qu'il prenne garde comment il veut aborder, car seulement avec un petit navire pourra il y amarrer. Elle fut premierement abordée par le capitaine Roderic Colmenar, le troisiesme d'octobre en l'année mil cinq cens et dix. Or, par ce que discourant de l'isle Espaignole n'ay peu, crainte de trop enfler la description, tracer tous les entours de ladicte isle, icy je veux suppleer ce que j'ay là obmis. Donques, à une lieüe de ceste isle du costé du sud, il y a trois ou quatre faraillons l'un à costé de l'autre de la hauteur d'une maison et peut on passer tout auprès sans aucun peril. De là, tirant au nord, verrés à l'entrée une grande baye qui est toute de plage. Suivant la coste, trouverés un port qu'on appelle Jaquimo lequel est au milieu des montaignes toffües de grandes et espaisses forests. Il y a bon port pour tous navires : à l'entrée duquel il y a des battures du costé de l'est d'où vous voyés un vieil chasteau desfaict qui estoit une forteresse au temps passé, auprès de laquelle faut aller mouiller l'ancre et les battures vous demeurent du costé de la mer. En ce port, il y a trois ou quatre maisons là où se tiennent ordinairement quatre ou cinq negres avec force chiens et chevaux pour s'en servir.

Il y a de grandes prayries parmi les vallons où il y a grande quantité de vaches, chiens et chevaux sauvages. La maniere que l'on tient à tuer les vaches est telle : les noirs sont sur chevaux, et en main portent une façon de lance, au bout au lieu de fer

pointu il y a un croissant taillant pour couper les jarrets des
vaches qui demeurent là estropiées; et après les escorchent pour
avoir le cuir et laissent manger la chair aux chiens sauvages et
privés. Ilz se levent le matin pour surprendre les vaches qui,
venant le jour, se retirent dans les forests craignants les chasseurs. Les François y viennent ordinairement traffiquer. Toute
ceste coste jusques à la Savane d'où il y a quarante cinq lieües
est costé d'est ouest. Il n'y a point d'habitations ains ne sont
que montaignes, forests, grande quantité d'arbres, palmiers,
avec force bestial sauvage, chiens, chevaux et sangliers. Le
long de la coste situant en la dicte Savane, il y a du costé de
l'est cinq ou six isles blanches; à deux ou trois lieües plus
avant, il y a une autre isle rase, pleine de petits arbrisseaux
avec force vaches privées qui ont esté mises par les Espaignols
et s'appelle la dicte isle Deybacques; elle est fort dangereuse
du costé du sud avec force battures. Entre la dicte isle et la
terre ferme, il y a bon passage pour tous navires tirans à la
Savane par dedans la dicte isle, asçavoir entre la terre ferme,
la Savane demourant au fonds de la dicte baye, en laquelle il
y a grandes prayries et six ou sept maisons de negres pour le
faict des cuirs. Tirant de Savane jusques au cap Tyburon, il y
a vingt lieües de battures. Du cap Tyburon jusques à la pointe
de Done Marie douze lieües tirant au nord ouest. En icelle
pointe de Done Marie, fait bon mouiller l'ancre pour icy se
rafraischir. De là, tirant à l'est du costé du sud depuis la pointe
de Done Marie jusques à une petite isle nommée Keiunito, il y
a dix lieües. Entre la dicte pointe de Done Marie sont toutes battures dans l'eau avec montaignes en terre ferme, forests et
bestes sauvages. Auprès dudict Keiunito, dedans la terre ferme,
il y a une montaigne haute qu'on appelle la montaigne Done
Marie. De Keiunito tirant à l'est, y a bon port qu'on appelle
Miriguana, duquel il y a jusques à la Jaguana quinze lieües de
forests et montaignes sans aucunes habitations sinon auprès de
la dicte Jaguana à cinq lieües du costé d'ouest, il y a un port
qu'on nomme Aguana où il y a quelques maisons des particu-

liers de Yaguana et plusieurs logettes des negres qui se tiennent là ordinairement pour le labourage, chascun en leur
maison. De là jusques à Yaguana, il y a cinq lieües, toutes
battures avec montaignes hautes, pleines d'arbres, prayries,
palmes, vaches et sangliers. La dicte Yaguana est une terre
basse rase comme la mer, avec grandes prayries et belle multitude de palmes et autre maniere d'arbres fruictiers qu'on appelle
Govyaux, de la grosseur d'un limon et de la couleur jaune.

La ville de Yaguana est à une lieüe de la mer, au milieu
d'une grande prayrie avec grande quantité d'arbres qui portent
la casse. Les maisons de ceste ville sont toutes recouvertes de
feuilles de cannes, et closes avec des tables et pieds de bois
plantés tout de bout. Où n'a pas bien regardé Gemma Phrison
qui escrit qu'au pays de Colao assis en la grande province du
Peru, il y a une maison, les parois et toict de laquelle sont d'or
très pur et fin. Si le conte n'est beau asseurés vous que la bourde
est belle et d'aussy bonne grâce que celle de Hierosme Girava qui
escrit qu'en la province d'Auzenna, les harnois des guerriers sont
de fin or, comme par deça sont de fer et que les fers des chevaux
sont pareillement d'or. Il devoit penser aux inconveniens qui
sourdent de ce recit. Le premier est qu'il suppose qu'en ceste
region Perusienne, il y ait eu des chevaux avant que les Pizarres
y arrivassent. L'autre est que faudroit ou que ce fussent les
Espaignols ou les Perusiens qui fissent ferrer d'or leurs chevaux. Quant aux Chrestiens, ilz tiennent si grande estime de ce
metal qu'il n'est pas loisible de croire qu'ils ayent voulu mettre
sous le pied de leurs chevaux. Des Perusiens encores moins,
puisqu'ilz n'avoient aucuns chevaux, et quant bien ilz en eussent
eu, les Espaignols leur tenoient la bride si courte et leur escuroient si bien leurs mines d'or et autres beatilles qu'ilz eussent
esté plustost contraints de laisser sans fer les chevaux que de
leur dorer les pieds; mais pour ce qu'en d'autres endroits, je
dois plus à plein fonds sonder la verité de cest or pour en lever
l'erreur trop espaisse de ces prometteurs de montaignes d'or,

icy je feray retraite pour reprendre ma premiere brisée et
retourner aux maisons de Yaguana qui sont rares et esloignées
l'une de l'autre, faites en maniere de tentes. Là il y a belles
femmes Espaignoles et force negres parmi eux avec accoustre-
mens de toile qu'on a accoustumé de leur faire porter. Tirant
plus outre, il y a un grand cul de sac qu'on appelle le goulphe
de Saragoa. Dans iceluy est toute terre basse avec maisons et
vacheries. En retournant vers le cap de Sainct Nicolas, il y a
des montaignes et grande quantité de labourage le long de la
mer qu'on appelle Halcahay. Sortant de Cahay jusques au cap
de Sainct Nicolas, il y a tout du long de la coste dix huit lieües,
toutes montaignes et terres basses avec boys et forests sinon à
Tybonique où l'on fait des cuirs de la maniere que dessus. Sortant de la Tybonique et tirant au cap de Sainct Nicolas, y a
une saline que l'on appelle le Coryton qui pourveoit la ville
de sel, et n'y a autre chose jusques au cap de Sainct Nicolas
que montaignes, bois et prayries, sans aucune habitation. Au
devant de la Eguana six lieües en la mer, il y a une isle que
l'on nomme la Gravano qui contient seize lieües de longueur
et trois ou quatre de largeur, bien dangereuse de battures tout
alentour, demeurée infructueuse, seulement remplie d'infinité
de rochers. Le cap de Saint Nicolas fait la pointe de l'isle et y
a trente six lieües de la pointe de nord ouest. Le cap de Sainct
Nicolas est une montaigne haute, et y a un port du costé du
nord ouest du dict port, dans lequel port y a une fontaine qui
sort des montaignes en façon d'une petite riviere où l'on se
peut rafraischir et prendre de l'eau pour les navires. Il n'y
a point d'habitation et y a bon port pour grands et petits
navires. A l'entrée du dict port, du costé du sud, il y a des
battures esquelles tout marinier qui craindra de faire naufrage,
doit bien prendre garde d'aheurter. Si faudra il qu'il soit bien
expert et routiné si entrant en ce port, il n'y froisse quelque
peu. De ce port de Sainct Nicolas jusques au Port Real qui est
à quelques dix lieües de là tirant à l'est, n'y a maisons, logettes
ou habitations aucunes; ains est le pays desert et herisonné de

montaignes, forests et rochers le long de la mer jusques à l'entrée du Port Real laquelle est pour la pluspart bandée de battures si dangereuses qu'il est bien difficile d'y aborder sans tomber en naufrage, comme durant mes navigations, s'y perdirent quelques caravelles Espaignoles qui virevoltantes ceste route avoient envie de se charger de cuirs, s'hazarderent trop inconsiderement de donner dedans, mais aussi porterent la très juste peine de leur temeraire entreprinse. De dire que ces Espaignols n'eussent occasion de vouloir branler à ce Port Real, je m'en garderay bien, attendu que je sçay bien qu'à Port Real il y a un villaige et quelques maisons couvertes de paille où se charge grand quantité de cuirs qu'on apporte de la montaigne. Entre Port Real et le port de Plate ne sçauroit au plus avoir trente lieües qui sont presque tout pays desert et sterile, montaignes, forests, roches et battures. Bien est vray qu'à dix lieües du port de Plate, il y a un petit village appelé Monte Christo qui sert de magazin pour resserrer tous les cuirs du plat pays. Là, il y a quelques noirs emploiés à avoir le soin de la vacherie et aux cuirs. Ce port de Plate est d'un fort grant traffic tant à cause de la debite de ces cuirs que pour la grande quantité de succres que les Espaignols chargent là. Il est fort large et dangereux pour le vent du nord. Au dedans du port, il y a une forteresse pour deffense de ce village qui est assés bien fourny de vivres et bleds pour le pays. Suivant la coste jusques au cap de Calbron, y a vingt cinq lieües depuis le port de Plate, tout de montaignes, rochers et forests sans proffict aucun comme dict est. Et depuis le cap de Cabron jusques au fond de l'isle Savana, il y a dix lieües.

C'est une isle habitée des negres qui se sont eschapés des griffes des Espaignols, lesquels exerçoient sur ces pauvres esclaves telles et si grandes cruautés qu'ils ont esté contraincts, pour se garentir de telles oppressions, se retirer en ceste isle, où ilz se sont habitüés avec leurs femmes et enfants; et y ont de telle sorte triché et multiplié tous les jours que les Espaignols en sont maintenant à se repentir d'en avoir amené avec eux si grande flotte, ou bien de n'avoir sceu leur tenir la bride comme il faloit sans les ranger à ce desespoir qui maintesfois les a fait sursaillir à seditions si dommageables aux Espaignols, que quelque force qu'on ait sceu employer pour les matter, n'ont peu estre exterminés. Maintenant, n'est-il plus tems puisqu'ils sont effarouchez, il faut que les Espaignols reconquestent de nouveau ce Peru d'autant qu'encores qu'ils ayent fracassé la pluspart de la nation Perusienne, ilz ont pour le présent à faire à gens qui leurrés aux brigandages et advertis de leurs ruses leur donnent beaucoup plus d'ennuy que ne fit Atabalipà. De faict, ces negres qui se sont retirés en ceste isle, se deffendent avec leurs arcs et flesches de sorte qu'impossible est aux Espaignols d'avoir prinse sur eux : lesquels vont tous nuds comme bestes et n'ont qu'un petit drapeau devant leurs parties honteuses. Et par ce que le principal but que j'ai dit au present discours, a esté de reprendre ce qui est à l'entour de l'isle Espaignole que n'ay peu coucher en son lieu, icy sur la fin, je veux faire une recapitulation de toute la route que je viens de descrire.

Doncques, prenant de la pointe du costé de l'est, nommée cap de Yaguana, faisant son tour tirant à l'ouest et retournant du costé du nord se vient rejoindre au sud d'icelle pointe jusques à Saint Dominique par le costé du sud, il y a quarante lieües. De San Domingo jusques au port d'Ancone du costé du sud, il y a quatorze lieües. Du port d'Ancone jusques à la riviere d'Hassoa où il y a force pressoirs et moulins à succre, on compte dix lieües. De Hassoa du costé du sud jusques à nostre isle Beata, douze lieües. De la Beata jusques es Frailles qui sont trois isles, dix lieües. Encores de la Beata jusques au cap Tiburon qui est la pointe plus à l'ouest du costé du sud de l'isle Espaignole, il y a cinquante lieües. De la pointe de Tiburon jusques à la pointe de Done Marie tirant au nord est, dix lieües. D'icelle pointe de Done Marie jusques à la Yaguagua d'est ouest et du costé du nord du cap de Tiburon, quarante cinq lieües. De la dicte Yaguagua du nord et sud jusques au cap de Sainct Nicolas qui est le plus à l'ouest du costé du

nord d'icelle isle, il y a vingt cinq lieües. De là, jusques au cap
de Cabron, on compte quatre vingt cinq lieües, d'est ouest du
costé du nord d'icelle isle. Du cap de Cabron jusques au cap
de Yaguana a cinquante cinq lieües du nord ouest et sud ouest,
du costé de nord est de ceste isle.

ISLES DU CHEF DE LA CAPTIVE

Qui veut aller de Carthagene au Nombre de Dieu qui est à
cent lieües de Carthagene, faut mettre le cap à l'ouest nord ouest,
environ quatre lieües, passer au vent d'un banc de sable qu'il
y a deux ou trois lieües dans la mer qui se dit Salmedine.
Après, tournés le cap à l'ouest, les deux tiers du chemin et
l'autre tiers à l'ouest et quart du sud ouest, irés reconnaistre la
Cabesse de la Captive qui sont isles fort basses et y en a grant
quantité ensemble; et si il y a bon port de terre dans les dictes
isles, de l'eau douce, et force poisson et tortues, et y a fort
bon port. Dedans les isles, il y a une grande montaigne que
l'on nomme la Serre de Saincte Croix qui est une montaigne
fort haute; et le bout de la montaigne est coupé en deux qui
fait deux petites pointes dont l'une est plus basse que l'autre;
et de là jusques au Nombre de Dieu, il y a douze lieües de
terre basse et petites montaignes, sans aucunes habitations,
sinon des negres sauvages qui sont parmi les bois. Il y a
une petite riviere en allant au Nombre de Dieu à quatre
lieües près qui se dit la riviere Françoise. Et la riviere est du
costé de l'est du Nombre de Dieu. Vous verrés à quatre lieües
de là un grand rocher tout rond que la mer bat tout contre,
qui se dit la Morée de Nicoise. En ceste riviere, il y a une
petite plage où les navires quelques grandes qu'elles soient
peuvent y mouiller seurement l'ancre, d'autant que la sonde y
est très bonne, ayant vingt et deux brasses d'eau. Bien est il
vray que l'entrée en est un peu dangereuse, à cause de cinq
petits escueils qui avoisinent l'entrée du port de la part de

l'ouest. Il n'est pas tout; c'est que estant à la veüe de ce grand
rocher rond que je vous dis, vous verrés d'autres isles qui vous
demeurent du costé de l'ouest, environ deux lieües dudit rocher.
Pour entrer au port dudit Nombre de Dieu, il vous faut laisser
les isles du costé de l'ouest et passer tout auprès dudict rocher,
et vous verrés sur la pointe, en entrant au port du Nombre de
Dieu, un petit rocher dans l'eau, de la grosseur d'un moulin
à vent, qui est tout environné d'eau; et ayant passé ce rocher,
vous verrés des battures que la mer bat là dedans, et en pourrés
passer si près que vous voudrés, car il n'y a danger aucun. Et
estant si avant que lesdites battures, vous verrés les maisons de
Nombre de Dieu, et si il y a bon abril, derriere icelles battures
sans que l'artillerie de ville vous puisse endommager. Et donnés
vous garde, qu'entrant dans le port, vous ne passiés trop loin
desdites battures, car du costé de l'ouest, il y a une roche fort
perilleuse, d'autant qu'il ne s'en faut que trois pieds d'eau
qu'elle ne soit à fleur de l'eau. Loin d'icelles battures, environ
la tierce d'une moyenne, et par dessus la ville du Nombre de
Dieu, vous verrés une grande montaigne qui se dict la montaigne de Capyrre, laquelle apparaist de douze lieües en pleine
mer, et qui peut estre dans terre à deux ou trois lieües du
Nombre de Dieu. Or, parce que nostre route nous a chassé au
Nombre de Dieu, et qu'ailleurs à peine aurons nous la commodité de pouvoir en dire quelque chose, il me sera permis d'en
discourir icy. Le Nombre de Dieu est une ville comme j'ay
sceu et appris de certains vieux Mores qui ont esté et demeuré
plus de cinquante ans esclaves là, bastie par un qui se nommoit
Dom Diego Micuesse qui y fit dresser l'an mil cinq cens et
sept un petit port ou maison de bois, le mieux qu'il peut, pour
se defendre contre les Barbares qui le molestoient. Depuis, on
y continua les bastimens, si bien qu'à present, elle tient rang
entre les plus fortes et puissantes places de tout ce pays. Elle
gist à deux cens quatre vingt dix huit degrés trente minutes de
longitude, neuf degrés de latitude, et est assise près de la marine,
ayant sa longueur de l'est à l'ouest. Le chemin par lequel on

va de Nombre de Dios à Panama, passe au pied de la montaigne de Capyrre où vous voyés ordinairement grande quantité de mulets et quelques chevaux; et quant à chameaux et elephans, il ne s'y en trouve un seul en toute la terre du Peru non plus que de lyons, tygres et autres animaux qui se trouvent au pays d'Afrique et Asie.

Les mulets desquels je vous parle, portent la marchandise du Nombre de Dios à Panama, et au retour de la ville de Panama, qui est à la mer du Sud ou Pacifique, emportent les thresors, or, argent, perles et pierreries qui viennent là des isles des Molucques et autres isles Orientales; mais ce n'est pas sans grande affre, et pour ce que les frais sont grands pour faire conduire iceux mulets et chevaux de Panama à la ville de Nombre de Dieu posée en la mer Oceane, encores qu'il n'y ait point distance de l'un de l'autre que d'environ quatorze ou quinze lieües, comme l'on pourroit dire de Paris à Estampes; d'autant que la première journéé, on trouve assés bon chemin. Mais quant vous passés plus avant, vous entrés dans des bois qui durent jusques à la ville du Nom de Dieu. De faict, devers l'est, assés près du Nombre ou Nom de Dieu (ainsi l'appele on), il y a quelques troupes de Mores noirs et autres bazanés fugitifs qui tiennent les bois et la campaigne et font mille maux. Les gouverneurs du pays y ont envoïé souvent des compaignies de soldats Espaignols pour les desnicher de là et les exterminer; mais ces gens desesperés ont esté les plus forts, et se sont joincts avec quelques Barbares, qui estans du nombre des malcontans, se sont ligués à l'encontre des Espaignols. Et aussi quand ilz en rencontrent un, son procès est faict et parfaict. Ils le tuent, massacrent et taillent en pièces. Que si la terre est mal seure, la voye de l'eau est encores plus dangereuse, parce que à my chemin, l'on rencontre une mauvaise riviere laquelle fait tant de tours et de retours, qu'il faut demeurer plus de trois heures à la passer; et qui pis est, les naufrages y sont fort frequens, qui fait que les Espaignols aiment mieux s'exposer aux courses et aguets des negres, que s'abandonner à la mercy d'un ennemy

qui les peut tous d'un coup engloutir. Quant ces foruscis de
negres rencontrent les muletiers, ilz volent tout le butin et thresors, et laissent aller les esclaves Mores leurs alliés qui menent
les mulets, sans leur faire mal s'ils ne se veulent mettre avec
eux.

Quant à la ville de Nombre de Dios, la place est malsaine,
specialement l'hiver, partie à cause de la grande chaleur et
vapeur pourrie qui sort de la terre, partie à cause d'un marest
qui l'environne devers l'ouest. Aussy y meurt il force gens; et
quant aux maisons, elles sont pour la pluspart basties de bois,
partie de cannes. Le port de ceste ville est devers le nord qui
est assés grand pour tenir beaucoup de navires. Quant aux fruicts
et herbages que l'on y a porté d'Espaigne, ce terrain mal-sain et
pestilentieux en rapporte quelque peu, comme limons, orenges
et des raiforts qui ne sont pas plus gros que la queüe d'une
souris, des choux et des laitües, mais peu et bien petites et
qui, avec tout cela, ne sont encore gueres bonnes. On y mene
tout le reste de l'isle Espaignole, de Cuba et de la province de
Nicaragua comme du maiz, cazabi, chairs salées, porceaux, racines de Bettalas. Tout le traffic des insulaires de nostre Chef de
la Captive à Nombre de Dieu est de poisson pour le jour d'huy.
Autresfois ilz estoient aussi bien bandés contre les Espaignols
comme les autres negres qui ne sont que pauvres esclaves qui,
se sentans trop tyrannisés par les Espaignols, ont secoué le joug
de leur cruauté, et leur ont taillé depuis plus de besoigne de
biais qu'ilz n'eussent peu presumer. Mais ces negres n'ont pas
si bien joué au seur comme ont faict nos insulaires qui ont
l'eau qui combat pour eux. Et qu'ainsi ne soit et pour contanter
l'avantage de ceux qui voudroient preferer l'avantage des negres
de la terre du continent à celuy de ces insulaires parce qu'ilz
ont moyen de s'enrichir du butin des Espaignols lesquelz ils
devarizent, je suis bien contant de leur mettre en teste le capitaine Testu qui apprendra à tous ceux qui font si grand cas du
brigandage de ces negres, combien l'aune en vaut et que ce
n'est (comme l'on dit) sans mouffles qu'il faut s'en approcher.

Le cœur me saigne (à la verité) quand je me remets avant les yeux le piteux desastre qui survint à ce bon capitaine, mon bon amy et l'un des experts pilotes de nostre aage, avec lequel j'avois fait un voïage en ces pays l'an mil cinq cens cinquante un. et mil cinq cens cinquante cinq, celuy de Villegaignon. Doncques, comme Testu eust mis pied à terre entre Panama et Nombre de Dios, il fut adverty par certains de ces negres que les mulets chargez d'or et d'argent estoient en chemin de venir de la ville de Panama, bastie en la mer du sud, comme j'ay dict, et que si avec la flotte de ses gens il vouloit y entendre. aysement ilz pourroient enlever toutes ces richesses qui montoient plus de trois milions d'or. A quoy Testu presta l'aureille, accompaigné d'un capitaine anglois qui aussy ne fut point trop malaisé à se laisser chastouiller par l'amorce de l'or et argent dont ces mulets estoient porteurs. Et par cas fortuit, ces deux capitaines se rencontrerent, savoir l'Anglois et le François au mesme endroit et lieu, ne sçachant rien l'un de l'autre. Ainsy Testu mit en terre vingt trois hommes des siens qui estoient dans son vaisseau, qui n'estoit que de soixante et dix tonneaux, qui appartenoit à feu de bonne memoire le seigneur Philippe Strozzy, la vie duquel je vous ay mis dans mon livre des *Hommes illustres ;* comme aussi fit l'Anglois et en telle compaignie, guidés par ces Mores vont droit à ces mulets chassés par plusieurs esclaves et sans arrester se rüent à tort et travers de ces mulets ausquels ils couperent jambes et jarrets au grand contentement des pauvres esclaves qui voyans que tant les François qu'Anglois (ressemblans à des affamés qui, sans discretion, fourrent toutes viandes en leur panse, quelque grossieres qu'elles soyent) s'amusoient après les mulets chargez d'argent, leur crioient : Hé ! à l'or, seigneurs ! vous vous chargés de plate ! sçavoir d'argent, comme s'ilz les eussent voulu reprendre de ce qu'ilz ne sçavoient pas choisir le meilleur et plus exquis ou bien qu'ilz leur prophetisassent ce qui leur advint depuis, qu'ils faisoient mal de s'appesantir d'argent, qui s'en faloit beaucoup qu'il respondit à la valeur de l'or. Advint que comme les François et Anglois

furent chargés et battés de lingots et grosses pieces d'or, las et
recreus de l'ennuy du chemin, cinquante soldats espaignols mal
equippés au possible, qui tenoient escorte à ceste troupe de
mulets, commencerent à charger les nostres à coups de flesches,
accompagnés seulement de quelque dixaine d'arquebouziers
tels quels, la pluspart tous deschaux qui avoient si bien four-
ragé. Testu avec huit arquebouziers tint coup et fit aller les
plus chargés devant, et luy demoura derriere ne craignant tels
coquins.

Advint que la fortune fut si contraire qu'il fut atteint d'une
arquebousade que luy donna un Espaignol et fut depuis ha-
bandonné, tant des siens que des Anglois, et n'y eut homme tué
ny blessé que luy. Les autres qui fuirent de vistesse (comme
quelques uns d'entre eux m'ont confessé), jettoient et cachoient
dans la petite islette deshabitée, dans les sablons bien avant, la
plus grande partie de leur or et tel en mit pour plus de soixante
mil escuz tant ilz en estoient chargés devant et derriere.

TABLE ALPHABÉTIQUE

NOMS DE PERSONNES ET DE LIEUX

A

Abreu (J. Gomez d'), voy. Gomez.

Acosta (Gaspard d'), XVIII.

Adam, 69, 70. — (Terre d'), 54.

Adventurier (Georges l'), voy. Georges.

Aguana, port de l'île de Saint-Domingue, 94, 171.

Aiguille aimantée (Variations de l'), XXI, XXII, n.

Albuquerque (Alphonse d'), XVI XVIII, 23 n.

Aleaume de Rambures, matelot de la *Pensée*, 55.

Alfonce (Le capitaine), 6 n., 7 n., 32 n.

Allemands, en Afrique, XII ; conduits en Haity, 156.

Almachapt, houe pour creuser la terre, 112.

Almeida (D'), XVI, 31 n.

Altibunico, rivière de l'île de Haity, 158.

Ancone, Anconne (Port d'), dans l'île de Saint-Domingue, 90, 99, 169, 175.

Anderson (J.), 71 n.

Andouille (l'), île, 40.

Andripour (Indapour, Indrapour) XX n., 77, 78 n., 79, 80, 83.

Anglais (Les) en Guinée, XII ; à Indrapour, 78 n. ; en Haity, 156, 159, 164 ; à Panama, 180, 181.

Angleterre (L'), XII, 161.

B

C

D

E

F

G

H

I

J

K

L

M

N

O

P

Q

R

S

T

U

V

TABLE DES MATIÈRES

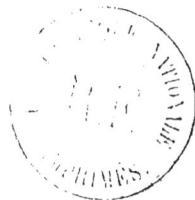

ANGERS, IMPRIMERIE BURDIN ET Cie, RUE GARNIER, 4.

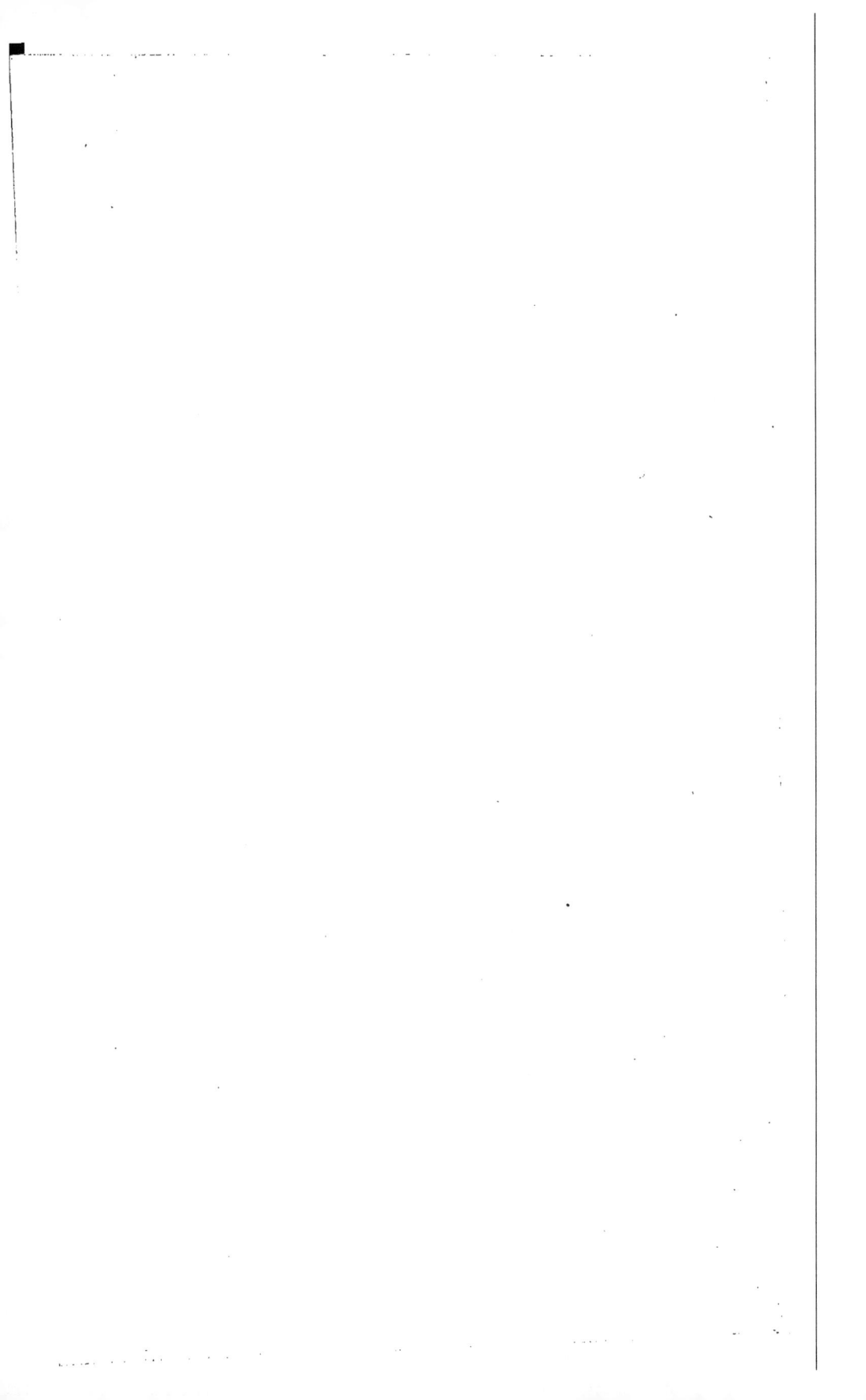

www.ingramcontent.com/pod-product-compliance
Lightning Source LLC
Chambersburg PA
CBHW030314220326
41519CB00068B/2454